U0309505

航天科技图书出版基金资助出版

自然灾害数据采集
卫星星座与系统

陶家渠　著

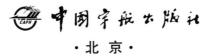

中国宇航出版社
·北京·

版权所有　侵权必究

图书在版编目（ＣＩＰ）数据

自然灾害数据采集卫星星座与系统 / 陶家渠著 . -- 北京：中国宇航出版社，2021.3
　　ISBN 978 - 7 - 5159 - 1901 - 0

　　Ⅰ.①自… Ⅱ.①陶… Ⅲ.①卫星－星座－应用－自然灾害－数据采集－研究 Ⅳ.①X43②P185

中国版本图书馆 CIP 数据核字(2021)第 050435 号

责任编辑　舒承东　　　　封面设计　宇星文化

出　版
发　行　　中国宇航出版社
社　址　北京市阜成路 8 号　　　　邮　编　100830
　　　　　(010)60286808　　　　　　　(010)68768548
网　址　www. caphbook. com
经　销　新华书店
发行部　(010)60286888　　　　　(010)68371900
　　　　　(010)60286887　　　　　(010)60286804(传真)
零售店　读者服务部
　　　　　(010)68371105
承　印　天津画中画印刷有限公司
版　次　2021 年 3 月第 1 版　　　2021 年 3 月第 1 次印刷
规　格　880×1230　　　　　　　开　本　1/32
印　张　6.5　　　　　　　　　　字　数　187 千字
书　号　ISBN 978 - 7 - 5159 - 1901 - 0
定　价　58.00 元

本书如有印装质量问题，可与发行部联系调换

航天科技图书出版基金简介

航天科技图书出版基金是由中国航天科技集团公司于2007年设立的，旨在鼓励航天科技人员著书立说，不断积累和传承航天科技知识，为航天事业提供知识储备和技术支持，繁荣航天科技图书出版工作，促进航天事业又好又快地发展。基金资助项目由航天科技图书出版基金评审委员会审定，由中国宇航出版社出版。

申请出版基金资助的项目包括航天基础理论著作，航天工程技术著作，航天科技工具书，航天型号管理经验与管理思想集萃，世界航天各学科前沿技术发展译著以及有代表性的科研生产、经营管理译著，向社会公众普及航天知识、宣传航天文化的优秀读物等。出版基金每年评审1～2次，资助20～30项。

欢迎广大作者积极申请航天科技图书出版基金。可以登录中国宇航出版社网站，点击"出版基金"专栏查询详情并下载基金申请表；也可以通过电话、信函索取申报指南和基金申请表。

网址：http://www.caphbook.com

电话：(010) 68767205，68768904

前　言

　　自然灾害对我国危害深重。预测预报是防灾减灾的前提，它既要有专业团队，也要和群测群防相结合。

　　灾害的发生有孕育过程，要有针对性地按其发展演化过程中出现的前兆征候加以监测。正常情况下，自然现象并非恒定不变，灾害前兆往往易被掩盖混淆。而且大自然是在不断演化中前进的，灾害形成的机理模式也会随之改变，因此即使总结出了历史上的有关前兆的规律作为参考依据，也有可能失误。然而，源于几种灾害，以众多不同机理诱导出的前兆必然在时空特性上存在着关联性。因此，综合集成这些前兆，将有助于灾害的预测预报。面对这一巨大系统工程，采取钱学森建议的从定性到定量综合集成研讨厅方法，开展研究与作出决策是必由之路。为此，书中给出了一套预测预报的评定与评价体系。

　　灾害中许多前兆出现的时刻与灾害突发的时刻非常接近，要求分秒必争，因此所采集数据的高速传输是集中决策的关键，会直接影响预测预报的成效。卫星星座是实现采集数据高速传输的主要手段，它避开了大灾害之前的小灾害对地面通信网的毁坏，可以联接不具备地面通信条件的或受山脉阻挡的地面监测预测台站，保证无时间中断的实时数据传输。

　　我国各灾害主管部门已经和正在建设各自灾种的地面监测预测台站。卫星星座系统可以保障将灾害瞬即发生的前兆信号以及平时日积月累采集的背景信号，都传送到各对应灾种灾害分析研究及综合决策部门。为此，所有灾种地面监测预测的几十万个台站需配备相应数据采集终端,将瞬即采集的数据发送至正在过顶的卫星,并最大限度地发挥卫星系统的效率。

鉴于我国卫星和运载火箭技术已成熟,而先进的运载火箭,微纳卫星及其抗辐照、长寿命、高可靠、高性能的微电子集成电路、系统芯片(SoC)、微光机电器件、微系统技术等日趋成熟,以 20 kg 的微纳卫星组成精确入轨入座的星座已成为可能。因此开展此项研制工作,也可以带动国家新技术的发展,并降低成本。

由此,我们提出了设计数据采集卫星星座与系统——包括数据采集终端、卫星及其星座、运载火箭及其上面级、卫星应急相位调控、应急火箭、地面网关站和地面运管与数据处理站——的设计思想、技术路线,以及方案的主要技术指标。这是一个巨大系统,是在总体设计思想和总体技术路线指导下开展研究的,经与诸灾种行业与航天行业的上百位专家交流讨论,成为大家协同工作的结晶。在形成本书的研究过程中,主要参与的同志有余明晖、朱培民、刘正全、宋涛、王小波、王松梅、何明、雷凯、沈桥、王山虎、黄辉、皮本杰等,在此向他们表示感谢。

书稿形成已有多年。2019 年 10 月习总书记指出:"我国自然灾害防治能力总体还比较弱,提高自然灾害防治能力,是实现'两个一百年'奋斗目标的必然要求,必须抓紧抓实。要坚持预防为主,努力把自然灾害风险和损失降至最低;实施自然灾害监测预警信息化工程,提高多灾种和灾害链综合监测、风险早期识别和预报预警能力;实施自然灾害防治技术装备现代化工程。"这一伟大号召,激励我迅即完稿,期望在这一伟大工程的实施中,从顶层总体设计上贡献点滴创新构思。

全书分为 7 章。第 1 章灾害与预测,第 2 章地面监测预测台站与数据传输设计,第 3 章数据采集卫星星座与系统总论,第 4 章地面灾害监测预测台站的终端,第 5 章微纳卫星,第 6 章运载火箭、上面级、应急火箭,第 7 章数据采集网关站和运管与数据处理站。

　　本书的读者对象包括从事自然灾害监测预警信息化、多灾种和灾害链综合监测、风险早期识别和预报预警、自然灾害防治技术装备现代化工作的顶层总体人员，以及微小卫星和卫星应用系统的经营管理者与工程技术人员，亦可供高等院校航天专业、系统工程专业、各灾种相关专业的教学与研究工作者研阅。

陶家渠

2021 年 2 月

目　录

第1章 灾害与预测

1.1 自然灾害

地震、地质灾害（滑坡、泥石流）、旱灾、高温热浪、低温冷冻害、洪涝、台风、海啸、风雹、雷电、沙尘暴、风暴潮、水环境灾害、大气环境灾害、森林与草原火灾、植物森林病虫害等自然灾害，在全球发生的次数正逐年增长，受灾人数和经济损失越来越多，每年遭灾人口近2亿。

我国是自然灾害最为严重的国家之一。自古以来，自然灾害发生的种类多、分布地域广、发生频次高、遭受损失惨重。仅我国地震造成的死亡人数，就占了全球地震死亡人数的三分之一。

我国有70%以上的城市、50%以上的人口处在地震、地质、气象、海洋等自然灾害威胁严重的地区，如图1-1所示。人口稠密的华北地区旱、涝、震灾多；西南地区则是地震、滑坡、泥石流、崩塌、干旱、洪涝、森林大火、矿难等灾害的多发区。

近20年来，我国因灾害遭受的直接经济损失占国内生产总值（GDP）的2.5%，平均每年约有20%的GDP增长量因自然灾害损失而抵消。汶川特大地震死亡8万多人，直接经济损失8 400多亿元；南方雨雪冰冻灾害，直接经济损失高达1 100多亿元。

近几年我国一些地区重特大自然灾害频发，多灾种并发、群发和集中爆发，灾害损失持续加重。根据预测，今后10年我国大陆将面临10余次7级以上的强震威胁。

所以，国家特别提出要加强对灾害孕育发生机理的研究，加强自然灾害监测预警能力建设，提升监测水平，增加监测密度，构建自然灾害监测体系。

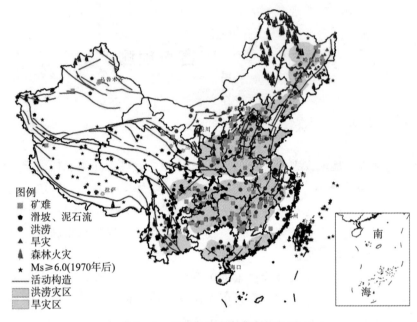

图例
- ▦ 矿难
- ⬟ 滑坡、泥石流
- ● 洪涝
- ▲ 旱灾
- ⛰ 森林火灾
- ★ Ms≥6.0(1970年后)
- ── 活动构造
- ▨ 洪涝灾区
- ▨ 旱灾区

图 1-1　我国自然灾害分布状况图

1.2　灾害预测

防灾减灾的首要任务是及早作出灾害预测。

自然灾害的发生都是形成灾害物质运动演化的结果，而这种物质运动的现象一般可以被人类逐步认识与测出，只要持之以恒地潜心研究灾害现象的规律与孕育产生的机理，灾害预测的成功率就会逐渐提高。

自然灾害孕育至发生的过程，分为早期、中期、短期、临前期及发生期，随后是发生初期、发生后期（含次生灾害）。相应地，灾害的预测预报分为长期、中期、短期、临前期及发生期，随后是发生初期、发生后期（含次生灾害）的预测预报。

灾害孕育过程的不同时期，被人类观察到的各种表征前兆的物理化学现象各异且种类繁多，在时间、空间、强度上也不尽相同。

这种不相同的前兆现象，经过归纳总结，可以作为判别灾害在孕育过程的不同时期规律的一系列特征。

为应对各类重大自然灾害，我国民政部、国土资源部、生态环境部、水利部、农业部、地震局、海洋局、气象局、林业局等部门都按所辖灾种业务，已经并正在继续建设各自的数量众多的地面监测预测台站网，供灾害的分析判断及防灾抗灾的决策指挥。

1.3　预测的难度与困难

目前，人类对自然灾害的认知还不完善，对各类自然灾害的预测尚存在比较大的难度。尽管困难重重，许多有识之士为了人类的生存与幸福安康，坚持奋力寻找自然灾害的本质规律。我国古人孜孜不倦地把历来的灾情记录下来，以警后人。新中国成立后，周恩来总理就从政府部门、研究机构和许多大学抽调专业人员，集中研究地震灾害的监测预测与预报。周恩来总理还提出，除了依靠专门从事灾害研究的工作人员外，还要发动群众"群测群防"，两者结合做好预报工作。1975 年，我国成功地预报了海城地震。

1.4　群测群防

1.4.1　群测群防的兴起与发展

1966 年邢台地震后，周恩来总理三次亲临现场，提出"一定要搞好地震预测、预报和预防工作，并强调指出，要群测群力，不仅要有专业队伍，还要有地方队伍和环绕在专业队伍周围的业余群众队伍"，为我国地震的群测群防工作奠定了基础。

1970 年国家正式建立地方地震工作队伍和群众观测队伍。1972年首次提出"群测群防"。1974 年，根据国务院 69 号文件，东北和华北各省普遍建立了地县地震工作机构及群众测报点和宏观哨。1975 年通过专群结合成功预报了海城 7.3 级地震。

实践证明，群测群防对于预防这种面广点多的地质灾害，是一种有效的手段。地质灾害的发生都是突然性的，而且时间比较短，如果从上级部门层层派人前往，肯定来不及。凡是预防成功的，主要靠的是群测群防。

1.4.2 群测群防的历史贡献

（1）辽宁海城地震

1974 年营口、海城一带接连发生了一百多次小震，辽宁省委请专家讲地震知识、监测方法，全省建立了大量的群众性业余地震监测点、监测小组。

1975 年 2 月 4 日凌晨，营口、海城一带发生 5 级左右地震。辽宁省委召开了海城县、营口县及当地驻军的紧急会议。2 月 4 日 14 时，在海城紧急会议上传达了省委指示，布置具体防震措施。从当天晚上起，要求辽南地区（主要是海城、营口两县）所有人员都不要住在室内，生产队的大牲口、农业机械都要拉到室外。各级干部、党员、民兵全部下去，挨家挨户动员老百姓到室外去。

2 月 4 日 19 时 36 分，海城、营口发生 7.3 级强烈地震，整个辽宁省都被震动。此次地震发生在人口稠密、现代工业集中的辽宁腹地，受灾人口 830 多万。如果没有震前预报，按同等情况推算，至少有 10 万人将死于地震。海城大地震后，全省倒塌房屋一百多万间，伤一万余人，实际直接死亡人数是 1 328 人。

这是人类首次对 7 级以上地震的成功预报。专家的地质结构分析与中长期预报和日常的专业性工作，群众业余地震监测网的监测信息，党政领导的当机立断和有效措施，这三者的结合实现了海城地震的成功预测。

（2）四川松潘地震

1976 年 3 月份起，大邑、邛崃、茂汶等地出现地下水等宏观异常现象，同时蛇、老鼠等小动物也有不同程度的习性异常。从 6 月中旬起，异常报告数量明显增加。

6 月 21 日，四川省委根据省地震局的紧急报告和一些专家的判断（认为有 7 级地震的危险），次日发文决定省和有关地市州县立即成立防震抗震指挥机构，迅速建立数量众多的捕捉人震短期和临震前兆信息的群测群防网点，大力开展群测群防运动，做好防震抗震工作。8 月初到 8 月 13 日，牛、马、猪、狗的习性异常达到了高潮。

8 月 16 日下午，省防震抗震指挥部在成都召开 20 万人群众大会，贯彻中央对四川震情的指示精神，部署防震抗震工作。

8 月 16 日 22 时 06 分，四川松潘、平武之间发生 7.2 级地震，接着 22 日 05 时 49 分、23 日 11 时 30 分又发生了 6.7 级和 7.2 级地震。在四川省委和国家地震局的领导下，通过专业地震观测与群测群防工作相结合，有计划、有组织地开展了预测、预报及预警和防震抗震工作，成功预测预报了松潘地震，大大降低了地震灾害造成的损失，松潘、平武、茂汶、南坪四县在这三次大震中死亡 41 人（包含抢险救灾人员）。

实践表明，群测群防工作在短临预报中发挥着难以替代的作用。

（3）青龙县奇迹

1976 年唐山地震前，该地区周围已建立群众测报组 2 000 余个，仅唐山地区就有骨干群众测报点 85 个，一般测报点 508 个，观测哨 5 552 个。

1976 年 7 月中旬，青龙县科委主管地震工作的王春青在参加于唐山召开的全国地震工作会议时，听国家地震局分析预报室的汪成民说，华北地区一两年内可能发生 7 级以上强震。根据各地汇总的震情，当前京津唐渤海地区有七大异常，7 月 22 日至 8 月 5 日可能有地震。王春青赶回县里向时任青龙县委书记冉广岐汇报。7 月 24 日晚，青龙县委召开常委会。次日，科委主任受县委委托，在县三级干部 800 多人大会上作了震情的报告，会议决定向全县发布临震预报。7 月 26 日早 8 点，青龙县 43 个公社的干部全部到岗。青龙全县上上下下处于临震状态。

7 月 27 日，青龙县中学群测群防小组发现黄鼠狼反常，白天乱跑，柳树村平日清澈见底的泉水不断往上翻白浆，黄昏听到四周响起呜呜声，看到雪亮的闪光。

7月28日凌晨3时许，我国唐山地动山摇，万物顿成废墟，几十万人的生命瞬间逝去。然而，与唐山的迁安毗邻的青龙满族自治县，在这场大地震中房屋损坏18万多间，其中倒塌7 300多间，但47万人中直接死于地震灾害的只有1人。青龙人民幸运地逃脱了唐山大地震的灭顶之灾。

青龙县奇迹表明，依靠群众监测，及时的临短预报和有力的群防措施对于降低地震灾害的损失具有显著的效果。

1.4.3　群测群防的作用与意义

地震预报工作除具有很强的任务性、探索性外，还具有很强的地方性、群众性和社会性。我国地震工作实行中央同地方、专业队伍同群测队伍相结合的体制，构成了我国地震工作的特色。实践表明，群测群防工作为成功地预报地震积累了丰富的经验，在地震短临预报中发挥着难以替代的作用。

我国幅员辽阔，专业前兆台网密度不足，数量有限，有可能捕捉不到短临前兆或者获取的数据量甚少，使灾害预报决策者难以判断，进而贻误良机；而地方台站、企业台站和大量的群众观测点，分布面广、控制范围大，观测网点多、密度大，接近震区，观测者熟悉当地的自然环境，能够获得较专业台站丰富得多的异常信息，从而弥补了专业台网数量和手段的不足，提高了我国地震的监测预报能力。

此外，由于群众观测队伍和掌握地震知识的广大群众同地方政府联系密切，在发现异常及时反映、上情下达和下情上报方面能起到关键作用。特别是在震兆突发阶段，由于临震异常表现十分短暂，只有一两天甚至几个小时的时间，大量宏观异常信息的收集，如何在极短时间内发现、核实、上报至关重要。因此，地震发生前后，群测群防队伍在及时采取防灾措施、组织群众防震抗震、使灾害造成的生命财产损失降到较低限度方面，起着重要作用。

长期以来，针对重大自然灾害的预测，我国形成了一支积极、主动、自觉地献身于群测群防的人梯队伍。他们中有许多行业专家，又有许多非行业专家和群众。他们孜孜不倦地工作，研究发现或观察到了种种前兆现象，他们中有不少人通过各种业务渠道向灾害业务主管部门负责任地报告了他们的预测结果。灾害业务主管部门在事发后，对其成功的预测发给了证明，作为证实其预报准确的记录。他们有着许多成功的经验，也有着许多特别宝贵的失败教训，是我们国家的宝贵财富。他们中不少人现在年事已高，希望能将知识献给国家并培养后来人。

1.4.4　群测群防存在的不足

以往的群测群防存在以下几点不足。

（1）通信手段太落后

唐山地震前，河北省的群众一方面培训不够，而更主要的是缺少电话，采取了写信邮寄的信息传输方式，上报反映情况迟到数日，贻误了地震预报的大事。

所以，预测地震，要能快速及时地通信，将各种渠道监测预测的地震前兆现象上报送达灾害应急决策部门。以往群测群防存在的不足之一是当时的通信手段落后。

应当做到无时延地瞬时将前兆异常信号送达灾害应急决策部门，不仅要送出异常信号，还要送出此异常信号发生的时间和地点（空间）。

（2）群众上报的前兆异常现象可信度低

对于灾害前兆异常现象，一是群众接受的预测知识培训不容易到位，对于什么才算是灾情前兆异常现象，把握不准，容易造成主观评价，数据可信度不高；二是测量手段原始落后，数据令人不放心；三是汇总收集到了大量群众报来的异常现象信息，还需专门派人亲临现场去一一核对，给予证实确认，结果经反复核对，时效性很差，贻误上报。

因此需要对前兆异常现象给出准确定义，并采取高水平的精确测量仪表设备给出定量结果，减少人为主观因素的影响。仪表设备都有存储器，将已记录的数据保存完好，以备查询。

（3）长期值班高度紧张，人员体力精力不支

群测群防完全依赖汇报人群的高度责任心和警觉性，特别是后者，很难要求预测预报的群防人员连续几年如一日地保持高度的警觉状态。

因此需要采用自动化的仪表，能经常性地检测其工作状态是否正常，自动给出经核对的高度可靠的数据，不会造成不能允许的虚警。

所以，对于群测群防工作，既要看到成绩，又要看到不足。不能因存在暂时的不足而一概否定群测群防工作，应认真总结经验，抓住群测群防的本质，发扬其优势，克服其在技术上、管理上存在的不足，从而发挥其巨大的作用。

对于以上三点不足，可利用现代新技术手段予以解决。例如，采取光纤技术和微电子技术的自动化测量仪器设备，它们不怕雷电袭击和干扰，可靠性更高。宽频地震仪可以测量至地下 700～800 km 深度以内的地质结构和岩性，探测到地下物质的变迁。针对有些灾害的前兆现象，由于其传播距离很近，远距离的信号幅值衰减极大，难以测量，所以必须在灾害预计可能发生的较大区域范围内，布设数量很多、分布很密的监测预测仪表。这样可以带来一个好处，使确定灾害发生的中心地址范围大为缩小，地址预测精度容易提高。而且即使其中个别仪表受干扰而虚警或失灵，都可剔除其影响。如果应用的仪表数量比较多，由于开发成本可分摊到众多仪表中，其价格也可以大幅下降。

1.4.5　现代群测群防

由于有了这样的先进技术支撑，原先人们理解的群测是人群的

直接预测，而现代群测的思想则是主要依靠现代化和自动化的监测预测仪表设备，在灾害预计发生地域的周围密集布置台站网点。一旦监测区域范围中，有一个小区，那里一群监测预测仪表设备都分别测到了前兆信号，并给出报警，则灾害发生在其附近地址的可能性最大。因此，"群测"的意义在于，既避免了因个别仪表的偶发失误而谎报灾情，也能从不同仪表所在地址的交集中，更准确地给出灾害即将发生的中心地址。

例如，可以研制手表或手机大小的磁喷前哨观测仪。它能实时测量自身所在地理地址地磁场的突变，如果接入 GSM 等民用移动通信网络和卫星通信 DCP 终端网络，在突发磁喷异常时，由自带的通信模块，将测量结果通过预置程序主动报警或接收指令被动发出报警信号，传递给上级系统。当地震进入"地震短期紧急时段"，除了在灾害发生地域周围撒网密布的台站点上配置这种磁喷前哨观测仪外，还可以在灾前紧急时段，将其临时发给农村村干部和乡村教师、医务人员等，让他们随身带上，照常到处行走，从事各自的工作。一旦异常信号发生，既可应急组织群众和学生疏散，又可作为群测附加网点自动通报到灾害业务主管部门，提高对灾害发生地址的预测准确度。这一手段是否会导致虚警或漏报，尚待进一步考核。但在这种群测群防思路下开展研究、监测预测和通报信息需要予以特别的重视和倡导。

总之，既有专业台站的监测预测，又有与其协同配套的先进的群测手段给出的临近当地前兆现象的数据，就容易对灾害发生的时刻、地点、危害等级作出预报。

1.4.6 群测群防的政策与建议

（1）群测群防政策

1966 年邢台地震后，周恩来总理指出："要群策群力，不仅要有专业队伍，还要有地方队伍和环绕在专业队伍周围的业余群众队伍。"2000 年，温家宝总理在全国防震减灾工作会议上的讲话中强调："进一步完善专家为主、专群结合的地震监测预报体系。"

2008 年 12 月 27 日颁发的《中华人民共和国防震减灾法》，重新强调了群测群防的作用。其第八条规定："国家鼓励、引导社会组织和个人开展地震群测群防活动，对地震进行监测和预防。"

2010 年，《国务院关于进一步加强防震减灾工作的意见》（国发〔2010〕18 号）强调："充分发挥群测群防在地震短临预报、灾情信息报告和普及地震知识中的重要作用。研究制定支持群测群防工作的政策措施，建立稳定的经费渠道，引导公民积极参与群测群防活动。"《国家防震减灾规划（2006—2020 年）》明确提出："鼓励和支持社会团体、企事业单位和个人参与防震减灾活动，加强群测群防，形成全社会共同抗御地震灾害的局面。"

国务院 2010 年颁发的《关于加强地质滑坡泥石流等地质灾害的防治的若干意见》强调：第一，加强监测预报预警，尤其是地质灾害要展开群测群防；第二，工作就是避让；第三是治理。

（2）群测群防管理组织

新世纪新形势下，群测群防的组织管理遵循"群策群力、专群结合、老中青结合"的原则。第一，群策群力。要求充分发挥专家和群众的热情，引入现代化技术手段，推动地震、地质等灾害及其相关灾害前兆研究。第二，专群结合。鼓励和支持社会团体、企事业单位和专家与群众志愿参与本项工作，充分发挥老专家的作用，多学科交叉，活跃学术氛围，交流创新思想，理论联系实际，数据共享，探索地震、地质等灾害及其相关灾害的孕育机理、监测手段和预测方法。第三，老中青结合。要求传帮带并举，产学研一体，共同攻克科学难题。充分发挥一大批几十年从事地震、地质等灾害监测预测的老专家们自主创新的非常规监测手段和预测方法的作用，有效增强灾害预测预报诸要素（地震为五要点：时间、震中、震级、震源深度、烈度）的准确性和成功率；中青年专家继承老一代地震、地质等灾害工作者丰富的预测预报灾害理论和实践经验，在老专家们的指导和带领下，努力实践，突破短临预报的难关。

（3）群测群防技术

我们应探索现代化的群测群防立体监测体系：1）总体路线。成功案例牵引，博采众长，方法互补；重点部位试点，寻根溯源总结提高。2）监测技术路线。热、力、电、磁、天文、流体（液体与气体）并举；天、空、地面、地下一体；普查、详查、精查结合。3）装备技术路线。手段先进，计量准确，质量严格，性能稳定，产品自检能力强，自动化程度高；不重复建设，信息共享。4）综合集成的技术路线。方法优选，人机结合，综合研讨，关联聚焦，果断决判，迅即上报。

（4）群测群防宣传教育

第一，普及宣传。通过网络、电视、广播、专栏、会议等多种形式，向各级政府和全社会广泛宣传群测群防在防御与减轻灾害方面的突出作用，使各级政府和全社会能够关注和支持群测群防工作，大力宣传国家防灾减灾政策，提高群众的思想认识，充分发挥群众的主观能动性，把政府强制的被动抗灾转化为群众自觉的主动避灾。

第二，强化重点教育。开展群测群防培训工作，制定群测群防人员业务培训工作规划和计划，在宏观观测员中组织学习防灾减灾法律、规章及相关条例，分年度逐步提高群测群防人员对灾害成因、宏观灾害异常识别、灾害速报等方面的业务素质。

第三，加强灾害自救互救的引导和宣传，面向基层，普及灾害的基本知识，增强群众的防灾意识和自救、互救能力。针对性地加强防灾的演练，增强干部和群众的防灾意识，使大家熟悉和掌握防灾和逃生的具体措施。

1.5　预测与预报

1.5.1　不同灾害阶段对应着不同的预测与预报

自然灾害预测分为长期预测、中期预测、短期预测、临前期预测、发生期观测、发生初期观测、发生中后期观测。预测后作出自然灾害的预报也对应分为长期预报、中期预报、短期预报、临前期预报、发生期预报、发生初期预报、发生中后期预报。其中对救灾影响最大的是临灾前后时段的预测与预报。

　　每一种灾害的各种前兆信息产生的时刻到该灾害实际发生的时刻之间的时间间隔，称为"临灾预警时段"。每种灾害不同的前兆信息产生的时刻不同，它到该灾害实际发生的时刻之间的这个"临灾预警时段"亦长短不一，有的长、有的短。某种前兆信息的临灾预警时段越短、越危急，越难采取相应的灾害应对措施，民众据此越来不及逃避。

　　所以，临灾预警时段越短的前兆信息，越不允许在信息通信环节上延误时间。

　　例如，地震临震前会产生磁喷现象，从磁喷产生到地震发生之间的临灾预警时间只有几分钟到几小时；滑坡的临灾预警时间，有些手段在测得前兆信息后，灾害几乎随即到来或迅速到来。因此，前兆数据传输通信万万不能迟缓，必须即刻送出。

1.5.2　临灾预警时间

　　临灾预警时间不仅仅是指数据传输通信占用的时间，包括"临灾预警的上报时间段""临灾预警的分析决策时间段"和"临灾预警的下达时间段" 3 个相继串联时段的时间之和，如图 1 - 2 所示。

　　1）临灾预警的上报时间段：从异常前兆信息产生，到数据信息经通信手段送至上级直至中央的灾害业务主管部门所需的传输时间段；

　　2）临灾预警的分析决策时间段：中央的灾害业务主管部门对数据综合分析判断与决策至决定下达所需的时间段；

　　3）临灾预警的下达时间段：命令层层下达直至民众，加上民众避难撤离到安全地区所需的时间段。

　　例如，对于泥石流和滑坡，国土资源部在灾害地区布设了数十类传感器，进行监测。一旦发现位移、裂缝等，泥石流或滑坡可能

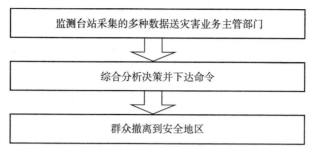

图 1 - 2　临灾三时段示意图

在几分钟或几小时内发生，因此必须作最坏打算，在最短时间内——实时——将传感器前兆信息送出。

对于地震，发生磁喷后，地震可能在几分钟到几小时内发生，须快速将信息送出。在地震发生后，震区现场配置的灾相仪 10 秒后启动，必须每隔 5 分钟实时将当地灾情上报国家地震局，以组织力量抢救生命。

1.5.3　预测与预报的时间关联性要求

预测与预报，在时间上是一环扣一环的。临灾预警时间是从灾害前兆信息产生时刻，到通知民众避难，直至民众成功撤离到安全地区，总计所需的时间段。

应当认识到从预测到成功避难撤离，这三个阶段都需要时间。无论灾害前兆信息出现到群众撤离之间的时间长短，都必须尽一切可能，在最短时间内将监测台站的数据送至灾害业务主管部门，以便尽一切可能为决策研究、命令下达、群众撤离到安全地区等环节留出更多的时间。

同样，也应当认识到在这三个时段中，有着许多涉及人的决策思维与行动所占用的时间，这些时间是很难压缩的。所以，在这三个时段中，通信手段占用的时间要尽最大限度地压缩再压缩，以照顾大局，减轻人为环节所需占用时间的压力。

所以，对于临灾预警时间段中数据处理与人为环节所占用的时间，要作出科学分配，否则会贻误救灾大事。其总的原则如下（以地震为例）：

(1) 地震前兆数据超高速处理与上报的时间

在临灾预警上报时间段中，地震前兆数据必须超高速处理和超高速上报送达，才有作用。

震前 3 个月以上预测到的各种震情前兆形势因素，作出数据处理与判别的时间可以在 10~20 天内完成。

震前 1~3 个月预测到的各种震情前兆形势因素，作出数据处理与判别的时间可以在 5~10 天内完成。

震前 3 天预测到的各种前兆因素，作出数据处理、判别和上报送达的时间，合在一起必须在 3 小时内完成。

震前 1 天预测到的各种前兆因素，作出数据处理、判别和上报送达的时间，合在一起必须在 1 小时内完成。

震前 1 小时预测到的各种前兆因素，作出数据处理、判别和上报送达的时间，合在一起必须在 5~10 分钟内完成。

震前 30 分钟预测到的各种前兆因素，作出数据处理、判别和上报送达的时间，合在一起必须在 2~3 分钟内完成。

震前 10 分钟预测到的各种前兆因素，作出数据处理、判别和上报送达的时间，合在一起必须在 1 分钟内完成。

因为监测预测各种前兆因素不同，测量方法不同，数据处理和辨别判断的速度不同，以上只是总体上给出的一个平均参考值。

(2) 地震超高速决策与下达预警的时间

各种震情前兆形势因素，先后汇集在一起，加以综合集成、分析判断进而作出决策的时间期望足够充裕；短期和临前期（短临期）的各种前兆因素，综合集成、分析判断进而作出决策的时间，因事关重大而又紧迫，既要时间足够充分，又必须快速作出判断，这是一对矛盾，需要加以权衡。我们将在后面论述。

接着是决策后指令的层层下达，其占据的时间越短越好。因为还要尽可能多地留予企事业单位和广大群众撤离的时间。

所以，从决策到下达预警预报到救灾下级部门、武警、部队、企事业单位、广大群众知晓的时间合在一起，也必须超高速才有效。

从地震系统总体考虑给出如下时间超高速要求的参照指标：

震前 3 个月以上的预测，从前兆信息汇总、决策到预警预报下达合计的时间，可以在 10～20 天内完成。

震前 1～3 个月内的预测，从前兆信息汇总、决策到预警预报下达合计的时间，可以在 5～10 天内完成。

震前 3 天的预报，从前兆信息汇总、决策到预警预报下达合计的时间，必须少于 3 小时。

震前 1 天的预报，从前兆信息汇总、决策到预警预报下达合计的时间，必须少于 1 小时。

震前 1 小时的预报，从前兆信息汇总、决策到预警预报下达合计的时间，必须少于 5～10 分钟。

震前 30 分钟的预报，从前兆信息汇总、决策到预警预报下达合计的时间，必须少于 2～3 分钟。

震前 10 分钟的预报，从前兆信息汇总、决策到预警预报下达合计的时间，必须少于 1 分钟。

由于地震有虚警概率，因此地震的预警预报要按不同对象分两个层次以不同时刻下达：

一是下达给各级政府、紧急救灾武警部队和军队，要早下达，以便早行动、早抵达。一旦虚警，不致影响广大群众的正常生活与生产。

二是在对地震判断把握性更大时，才下达给广大群众。

（3）灾害发生的相关信息的超高速通报的时间

地震发生后，破坏力较小但速度较快的 P 波先到达，破坏力大的 S 波后到达。根据震源深度和所处地理位置与震中距离的不同，P 波和 S 波到达的时间可能间隔几秒、几十秒甚至更长，充分利用这个时间差，可以有效避免非震中区人民的生命和财产遭受巨大损失。

2005 年 8 月 16 日，日本宫城海域发生里氏 7.2 级地震，日本许多地方有了 10～25 秒的启动应对措施，向临近地区超高速通报，使机关和个人能从防震行政部门接到地震警报，明显降低了灾难的影响。

为此，要求地震分析中心、地震预报中心和防震救灾中心一起组网，在地震发生后 1 秒左右，使用集卫星接收分析处理于一体的接收机，组成紧急向临近地区超高速通报的避难系统，令机关和个人能从防震行政部门接到地震警报，使在地震震中发震后 1～20 秒内地震区域内所有人员和单位，至少是学校、医院等人员密集单位、重要部位和救灾部门，能及早应急。

有 1～2 秒时间，人可躲开倾倒的衣柜书架；有 5 秒时间，人可钻到桌子底下……

但震中区域人员要避免大量伤亡，不能靠它。

汶川地震是由先后 7 次大地震组成的，时间持续了 100 秒。如能做好震后超高速通报工作，可以大量减少人员的伤亡。

（4）灾情观察、救灾指挥的时间

灾区灾情观察，首先需在最短时间内将地震裂度、道路、河道、通信、供水、供电等状况作出报告。为避免通信过分拥挤，路由要作出合理安排。灾区内灾情的实况图片应在最短时间内（如几分钟）处理成救灾人员都能看懂的图片格式。同时，必须继续严密监测预测次生灾害的前兆。所以对于灾区灾情观察的数据处理判断和发出占用时间，需要快速完成。

灾区救灾指挥是为挽救生命抢时间，需要第一时间有不间断电源保障动中通的通信业务，时间不能贻误。

1.5.4　预测与预报的可靠性要求

监测预测要求做到万无一失的高可靠性。

针对灾害的实际情况，要求各灾种地面监测预测台站的各种仪表设备，不论是固定的还是移动的，都应当确保将其监测预测信息可靠无误地瞬即传输到灾害业务主管部门，以供对灾害进行综合集成研究、判断与决策。

监测预测仪表设备应具有很高的可靠性,要有备份设计,仪表设备必须具备能对日常性能进行自检测和主动记录与报告的功能;仪表设备必须采用不间断电源供电;供电电源必须市电电源和蓄电池兼备;数据传输通信链路要有线、无线、卫星通信等互为备份。有的地方,如探测沙暴源头的仪表设备所处的沙漠地区,那里不可能具备地面有线、无线网通信条件;农业、林业地区,有的地方也不具备或尚不具备地面有线、无线网通信条件;严重污染的河流往往远离城镇,那里有的地方也不具备或尚不具备地面有线、无线网通信条件,因此这些地方都必须具有卫星通信保障,卫星的可靠性要求也必须非常高。

通信必须保障相继灾害发生下一切前兆信息传输的通畅,即巨大灾害来临前发生的中等灾害会使地面通信网遭受破坏,但通信系统仍要保障巨大灾害来临前的前兆信息数据的传输通畅。在大灾发生后,地面通信网会遭到严重的破坏,必须确保对次生灾害前兆数据的传输通畅。

所以,各灾种业务主管部门要求灾害发生前随时可能产生的前兆信号得到万无一失的可靠的通信保障:1) 不能没有通信;2) 有通信时必须保障随时叫通,不能忙音阻塞;3) 不能延迟久等呼叫,需立即传输送出;4) 不能当需要通信时,通信链路发生毁坏、中断。

1.6　灾害关联性

1.6.1　灾害前兆现象间的关联性

(1) 依据单一前兆现象孤立地预测预报灾害发生的置信度不高

灾害发生前有许多前兆征候。人们试图通过这种前兆征候预测预报灾害。但就目前测量手段和认识水平而言,单凭一种前兆,就断定在未来某个时刻某个地址发生某种强度的灾害,往往立论依据不足。因为事实上若单凭单一的前兆,在某些情况下,依据这一前兆是可以推断出灾害之发生，使预测预报成功；而在另外一些情况下，单凭这一前兆，则可能推断错误，造成虚警，使灾害的预测预报失败；再者在某些情况下，受测量仪器的性能所限，这种前兆信息测不到，导致灾情漏报；而在另外一些情况下，根本就没有产生此种前兆现象，却发生了灾害，也造成漏报。所以，不能仅依靠少数几种前兆现象，而要依靠众多前兆现象去综合判断。

（2）不同前兆间存在关联性

不同致灾因素作用于致灾物质，使致灾物质处于异常运动的灾害孕育过程中，孕育过程必然会映射出不同的物理化学前兆现象。这些前兆现象，实质上都是这种致灾物质受致灾因素作用而处于不断孕育的运动阶段中所显现出的现象。所以，这些前兆现象间是通过致灾因素与致灾物质之源头而客观地存在着关联性。这种关联性反映在时、空、强度上，也随着灾害不断孕育演化全过程而演变。如有些灾害在孕育过程中所产生前兆现象的地址是会迁移的，早期在一个地区，渐渐地转移到另一地区，最后才在灾害发生地突发灾害，这也可称为灾害前兆在时序上的关联性。

这种前兆现象间的关联性，需要我们认真深入地加以挖掘、寻找、研究、掌握。

例如，李均之等采用十多种观测方法：次声波、地应力、虎皮鹦鹉行为异常、电离层全电子含量异常、地电脉冲等物理量等，研究它们之间的关联性，对于6级以上地震的年度预报，自2000年2月至2009年成功地做出了27次，成功率为50%以上；对于6级以上地震的临震预测，自1996年3月至2009年12月成功地做出了13次，成功率为40%左右。他们在2010年还成功地预报了重庆巫溪县发生的滑坡。

例如，李志平通过观察卫星红外云图中的"震象云"，对地震与矿难作出过许多成功的预测通报。她所观察的"震象云"是随着地震孕育过程，在地理位址上不断转移的，时间上具有关联性。

例如，月球、太阳、星体对地球的引力，与大地震存在关联性。

月球对地球引力最大的时间为初一、十五，次大的时间为初八、廿二。这是月潮期的大潮期和小潮期，而中国和世界的大地震因阻滞作用，集中发生在月潮（大潮、小潮）期之后的 2 ~ 3 天。

如 1920 年海原 8.5 级地震（下同）发生在初七；1927 年古浪8.0 廿三；1976 年唐山 7.8 初二；2008 年汶川 8.0 初八。世界其他地区的强震：1950 年察隅 8.5 初二；1904 年旧金山 8.3 初三；1905年克什米尔 8.0 十五；1906 年厄瓜多尔 8.8 初七；巴里申 8.1 十四；1915 年千岛 8.1 十八；1918 年千岛 8.3 初三；花莲东 8.0 十九；1923 年堪察加 8.5 十八；1923 年关东 8.3 廿一；1933 年本州 8.1 初八；1944 年日本 7.9 廿二；1950 年印尼 8.1 廿三；1952 年堪察加9.0 十七；1957 年阿拉斯加 9.1 初八；1963 年千岛 8.5 十六；1965年阿拉斯加 8.7 初三；1968 年日本 7.9 二十；1973 年炉霍 7.9 初四；1978 年千岛 8.2 十六；2001 年印度 7.9 初三；2001 年秘鲁 8.4初三；2004 年印尼 9.0 十五；2005 年印尼 8.7 十九；2007 年秘鲁7.9 初三；2010 年海地 7.3 廿八；2010 年智利 8.8 十四；2011 年日本 8.8 初七。

例如，钱复业、赵玉林在从事地震预测预报工作时，于 1976 年7 月 28 日唐山 7.8 级地震前半个月，在震中区的昌黎台（震中距 =70 千米）记录到地电阻率对 M2 波的异常响应，其他时段则无异常出现。据此于 1990 年提出潮汐力谐振模型（即 HT 波模型）。结合2004 年 12 月 26 日苏门答腊 Mw9.0 级地震前，其研制的仪器 PS-100 的记录，首次发现了共振波（即 RT 波），并深入总结提出了潮汐力谐振共振波（HRT 波）地震短临预测方法。在 20 余次强震前所记录的 HRT 波有很强的规律性。发现仅在强震前才出现周期等于潮汐力周期的波动（HT 波），而其振幅在震前数月至几天才增大到可被记录的水平。所记录的 RT 波实例表明，RT 波通常与几天后所发生的地震有因果关系，这种波以突然阶变为特征，通常一升一降（或相反），一先一后到达台站，其到达的时差与台站的震中距成正比；由这种波动所测的断层固有周期 T_0 与断层长度（震级）有关，对 6 至 9 级地震，T_0 的范围为 1～6 小时。有证据表明，它们是来自即将发生地震的震源区。这种波动周期较长，在地壳中，可传播数百乃至数千千米，突破了只有在未来强震震中附近才能记录到有效前兆的传统观念。

利用台网记录到的 HRT 波波动，通过判别分析这种波动的特性便可预估得出未来地震的时、空、强度的定量结果。

发震时间段的预测：HT 波的出现是地震孕育进入短期（数月至数天）的标志；RT 波的出现是地震进入临震（数天至数小时）的标志。

震中的预测：单台由震前 RT 波的到达时差乘以虚波速度可得震中距，多台则可用交汇法求得未来地震的震中。

震级的预测：分析 RT 波幅度的阻尼衰减情况，可得断层系统的固有周期 T_0。根据曲线可得震级。图 1 - 3 为发震断层固有振动周期 T_0 与震级 M 的关系曲线。表 1 - 1 为 HRT 波短临震兆地震例表（1976 年；2004 年 5 月至 2008 年 11 月）。

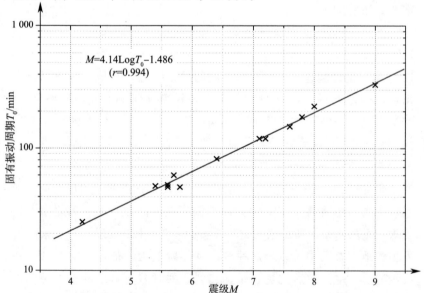

图 1 - 3　发震断层固有振动周期 T_0 与震级 M 的关系曲线

表 1 - 1　HRT 波短震临震兆地震例表（1976 年；2004 年 5 月至 2008 年 11 月）

震例编号	发震日期	震中地点	震级 Ms 实发	震级 Ms 预测	震中距 △/km 实发	震中距 △/km 预测	HT 波（短期震兆）出现时间	RT 波（临震前兆）出现时间	使用台站	观测仪器	备注
1	2004.12.26	印尼苏门答腊	9.0	9.1	$\Delta m = 2\,904$ $\Delta H = 2\,690$	2 899 2 725	3 个月~20 天	2~3 天	MN, HG	PS100 HRT 波接收网站	发现 RT 波来自震源第一个震例
2	2005.3.29	印尼苏门答腊	8.7	8.4	$\Delta m = 3\,100$	3 105	20 天	1~2 天	MN	同上	
3	2005.10.8	巴基斯坦	7.8	7.9	$\Delta m = 2\,755$ $\Delta H = 2\,841$ $\Delta y = 2\,875$	2 795 2 795 2 900	6 天	1 天	MN, HG, YM	同上	发现震例重现性.规律性
4	2006.1.28	班达海	7.6	7.5	$\Delta m = 4\,680$	4 760	7 天	1 天~10 时	MN	同上	震前预测分析结果与实发结果一致
5	2006.11.15	日本千岛	8.1	8.2	$\Delta m = 4\,828$	4 870	6 天多	1 天	MN	同上	同上
6	2006.12.26	中国台湾	7.2	7.1	$\Delta m = 2\,019$	2 070	6 天	1 天	MN	同上	同上
7	2007.3.25	日本	6.9	7.1	$\Delta m = 3\,360$	3 300	7 天	1~2 天	MN	同上	同上

续表

震例编号	发震日期	震中地点	震级 Ms		震中距 Δ/km		HT波（短期震兆）出现时间	RT波（临震前兆）出现时间	使用台站	观测仪器	备注
			实发	预测	实发	预测					
8	2007.9.12, 2007.9.13	印尼	8.5 8.3	8.3	$\Delta m=3\,676$ $\Delta m=3\,456$	3 726	6~7天	1天~数小时	MN	同上	同上
9	2008.3.21	于田（新疆）	7.3	≥7.0	$\Delta m=2\,176$	2 070~2 280	6~7天	1天	MN	同上	同上
10	2008.5.12	汶川（四川）	8.0	7.8~8.4	$\Delta H=$ 470~640	600~800	7天~半月	7天~8小时	HG	同上	同上
11	2008.10.5	新疆	6.8	6.5~7	$\Delta m=2\,840$	2 800	波叠加,难判别	1天	MN	同上	同上
12	2008.10.6	西藏当雄	6.6	6~7	$\Delta m=1\,137$ HG 1 195	1 150~1 220	波叠加,难判别	1天	MN,HG	同上	同上
13	2007.6.3	云南普洱	6.4	6.4	$\Delta m=622$	620	半月	1天	MN	同上	同上
14	2005.11.26	江西九江	5.7	6+/−	$\Delta m=1\,440$	$\Delta m=1\,450$ $\Delta H=1\,220$ $\Delta J=1\,650$	波叠加,难判别	1天	MN,HG,LJ	同上	同上
15	2007.6.23	缅甸	5.8	5.8	$\Delta m=800$	765	5天	1天	MN	同上	同上

续表

震例编号	发震日期	震中地点	震级 Ms 实发	震级 Ms 预测	震中距 Δ/km 实发	震中距 Δ/km 预测	HT波（短期震兆）出现时间	RT波（临震前兆）出现时间	使用台站	观测仪器	备注
16	2004.8.10	鲁甸（云南）	5.7	6+/−	Δm=204 ΔH=210 Δy=230	207	7天~半个月	1天~4小时	MN,HG YM,LJ	同上	
17	2008.8.30	攀枝花	6.0	6+/−	ΔH=23 Δm=250	53 320	半个月	2天	HG,MN	同上	同上
18	2007.1.13	日本千岛	8.3	8.4	Δm=4 917	4 970	7天	3天	MN	同上	同上
19	2007.2.11	印尼	5.7	6+/−	Δm=2 612 ΔL=2 374	2 690 2 484	5~6天	1~2天	MN,LJ	同上	同上
20	2008.7.5	鄂霍次克海	7.7	7.9	Δm=4 958 ΔH=5 129	4 760 5 175	5天	1天~1小时	MN,HG YM,LJ	同上	预测分析结果果与实发结果一致
21	1976.7.28	唐山	7.8	—	昌黎 35		半个月	1天	昌黎 青县	DDC-2A	震后总结
22	1975.2.4	海城	7.3	—	冶金 102队 20		半个月	1天	冶金 102队	DDC-2A	震后总结

注：①昌黎台 SL、青县台 CX、元谋台 YM、冕宁台 MN、红格台 HG、丽江台 LJ；

②汶川 8.0 级地震和玉树地震都记录了清晰的共振波信号曲线，只因台数少，不能确定震中唯一位置。

（3）不同灾害间的关联性

从宇宙到地核的整个空间的物质，是各种不同的致灾因素，它们作用于地球上各种致灾物质，使之孕育演化导致各种灾害突发。所以，地球上的各种灾种之间也往往存在着关联性。人类应当为预测预报灾害而认真深入地加以挖掘，寻找、研究、掌握灾种间的关联性。

例如，海洋下发生的地震，往往会相关地引发海啸，大海啸后一、二年往往会相关地引发大洪涝（如印度尼西亚苏门答腊附近的地震引发的海啸，次年引发中国东南部的大洪涝），存在着某种规律性。

又如耿庆国研究了旱灾与地震的关联性，可以通过早期各种大面积持续旱象前兆，提供地震中期预测预报。他做了中国公元前 231 年到 1971 年的共计 2 202 年的统计，发现华北 6 级以上地震 69 次中，67 次为旱。6 级以上，旱区面积 25 万平方千米。7 级以上，旱区面积 43 万平方千米。结论是"大地震发生前的一年至三年半内，震中往往是带有特征的特旱区"。傅承义说耿庆国的成果是总结了我国 2000 多年地震和气象资料得到的，并进而提出：震源区是破裂区，前兆异常区是红肿区。特旱区是红区，大面积旱区是肿区。

又如，广东茂名受强台风影响，发生五百年一遇的特大暴雨，引发滑坡、泥石流的地质灾害。

总之，以上只是从现象上去分析可能存在的关联性，不一定是唯一性，并不一定是必然性，在物理学上即机理上的分析尚需要下更大功夫去研究证实。但偶然与必然是辩证的，需要我们不断深入地去伪存真。

1.6.2　研究灾害关联性的意义

由于人们对灾害的致灾物质及其错综复杂的众多致灾因素，常常难于认识清楚全貌，因而导致前兆现象与灾害之间的必然一一对应的规律尚有待不断深化认识。所以，需要依靠尽可能多的针对不同前兆类型的监测手段，从所获取的不同的异常信息中提炼出前兆信息，然后对可能导致灾害的各种前兆现象，从时间、地址（空间）、物理量强度的各种演变规律中去分析寻找并权衡这些前兆信息对导致灾害发生的贡献权重的大小、关联性和程度，并逐渐聚焦、寻找致灾交集，从而提高对灾害预测预报作出判断与决策的成功率。

所以，对灾害前兆关联性的探索研究是灾害预测预报的决定性环节。

1.7 "从定性到定量的钱学森综合集成研讨厅"的研究方式

1.7.1 "从定性到定量的钱学森综合集成研讨厅"

人类在对某种灾害规律及其产生机理的认知过程中，所总结和创造出用以指导灾害预测预报的许多种辨认致灾前兆现象的测量方法，有的成熟一些，有的还不够成熟，对此，我们最多也只能将其作为对该灾害以往历史规律的局部认识与总结。由于自然灾害的突发，既有其普适的内在必然规律，但也由于自然界在不断演化发展，不完全是周而复始地周期性地重复发生，甚至没有一次是相同的，因此完全依靠一种固定的模式甚至公式去推理预测显然是考虑不周的。每次灾害发生的地点不同，当时当地环境状况不同，发生时刻的宇宙背景不同——如太阳、月亮以及行星、其他恒星对灾害地址形成的引力合力作用不同，太阳磁暴引发地球内部磁场变化位置的不同，当地地层深处物质运动状态规律不同，当地地球表层地质地貌的力学结构不同，等等，这些因素综合作用导致灾害发生的地区、时刻和强度就会不同。

所以，在深入寻求普适规律的同时，还要结合当地实情去分析研究。各种前兆因素对某一特定的灾区发生灾害在时间、地址、量级三要素的影响大小没有恒定的百分比，它因地因时而异。所以，现在还不能完全直接用数学方式推导或推演。除了需要有数值数学方法仿真模拟演绎推断外，还要有经验丰富的专业人员对这些前兆因素加权和最终作出判断，因而决策中不得不存在着除定量因素外的定性因素。

面对这样复杂的巨系统工程，应当采取钱学森提出的解决复杂巨系统工程的"从定性到定量的综合集成研讨厅的长期集体研究方式方法"。

钱学森提出的采取从定性到定量的方法，既有定量又有定性，但不固守定性中的主观推理推断，而提出要阶段性地不断探索灾害本质规律，逐步减少定性的主观成分，能客观地得出更科学的推理推断的思想方法。

在定性定量研究时，需采取系统工程方法论去探索研究灾害孕育全过程中产生的众多交叉复杂的前兆现象间的关联性。

钱学森提出的综合集成研讨厅方式方法是由众多首席专家将各方面的专业的和被认为非专业的人才组织起来，专群结合，从不同视角采取不同方法运用不同机理，充分发扬民主，对灾害的不同的预测预报结果，从不同的"时""空"出现的各种前兆信息强度中，加以科学地综合与集成，寻求其关联性和排他性；同时，通过模拟仿真作出各种复杂前兆下发生灾害的紧急应对预案，供与现状实际的前兆因素比较，选出优化的预报意见。

这种由此而逐步分析比较与聚焦，得出更客观、更科学的推理推断的研讨方式，绝对不是临时集中一些分散在各种不同岗位上的"专家权威"人员临时开会研讨，而是由众多首席专家领衔，由一定数量的专职专业研究核心人员，以及围绕他们的定期与不定期的、固定与不固定的"群体/群众"队伍组成。

在平时，首席专家们"24 小时"不离岗位地长期引领灾害机理与现象研讨，以专职专业核心人员为主，不断地集中大家智慧，按以下方式开展各方面研究：1) 提出一系列尚待深化研究的有关灾害孕育机理和灾害前兆现象的信息挖掘、高效采集与处理识别方法的分析研究命题，进而组织国内外广泛的专家和有识之士一起深入推断、分析计算、开展研讨。2) 提出对一系列关联性可能存在必然性的假说，论证设计出需要复现与验证的实验方案，进而组织大家开展实验验证。3）提出各种新颖监测预测仪器设想方案，组织研制，并选择典型地区地址在现场设置监测预测台站点，进行长年测量与试验，采集背景本底数据、异常数据与前兆数据。4）对灾害孕育机理过程，建立其前兆关联性仿真模型及其数据库。5）设想在各种不同的天时地理环境下，灾害在孕育过程中，可能产生的各种前兆现象，用作灾害预报计算模拟仿真的输入，一旦这种种前兆现象依次出现，按对其关联性的估计，由此综合集成仿真加人为干预作出灾害发生（诸要素）的判断与决策。经过日积月累，积少成多，将此数以万计的设想及判断决策预案案例一一存档，并由此建立与完善灾害机理与前兆综合集成的数据库，随时备用，形成一套临时遇到各种现实灾害的各种前兆现象相继出现时可以参考的预案，一旦灾害临近，便知道怎样紧急应对、更科学地加权综合集成，迅速给出更好的灾害判断决策的建议，供灾害业务主管部门领导最终决策。这是研讨厅的经常性工作。6）一旦灾害的各种紧急前兆现象相继出现，若时间允许，研讨厅将迅速召集各方相关人员集中研讨，必要时夜以继日地工作。将现状与事先已经超前设想过的各种复杂前兆因素交叉发生将会诱导致灾的模拟仿真预案，细加分析比较；临灾必须做出决策之前，若时间允许，可将实测预测数据，再做若干次"临阵"模拟仿真，选出更好的预报建议的结论。

　　这是一种有领导、有组织、有严格纪律的，集中集体智慧结晶的方式方法。期望中国经过几年努力后，运用这种方法，在灾害的预测预报中做出巨大成绩。期望在解决难度相对最大的地震预测预报中，力争能在临震前的 15 天到 30 天时间内，预测出震中所在位置（处于半径 30 km 到 60 km 范围之内），进而采取多种测量手段，分工接力，综合集成，不断聚焦，实现在地震前 15 天、3 天、1 天、30 分钟、10 分钟的临震紧急状态中作出更精确的地震预测。

　　各个灾种可以有各自的"从定性到定量的钱学森综合集成研讨厅"的集体研究，也可以汇集成一个综合的"从定性到定量的钱学森综合集成研讨厅"的集体研究。

1.7.2　"钱学森综合集成研讨厅"研讨命题举例

"钱学森综合集成研讨厅"研讨的命题广泛，仍以地震机理与地震预测及其关联性的研讨命题为例说明。

地震机理研究是一项大系统工程，地震预测也是一项大系统工程。地震灾害孕育、发生、发展、演变、时空强度分布等规律和致灾机理，是科学预测和预报地震的理论依据。上至天文、中到气象、下到地核，它涉及的学科众多，包括力学、物理学、电磁学、化学、生物学等。只有综合集成，才能实现预报目标。急需研讨的命题举例如下：

1）地震孕育发生的机理。对于地震孕育发生机理，国人提出的有板缘地震说、板内热源说、断裂带说、地幔变形说、内陆构造再认识说、旱震说、红肿说、地球内部气圈说、地球放气说、包体爆裂说、震象云说、天地耦合说等。需要系统分析、辨别科学合理性、局限性，寻找关联性、差异性，挖掘更深层次的认识。

2）地震震源的能源形态与储能动态分析，震源主体物质的验证。

3）发震孕育过程先后的时序分析及前兆现象出现的时序规律。

如，是先板块突然撕裂断裂，后地下热量冲出；还是先由地下热能上冲，导致开裂，促使板块断层的应力释放；或是其他，等等。

4）地下、地表、天空不同载体震前震后的热量与温度的分类测量、复验与标定。

5）宇宙、太阳、行星、月球对地球某地域的引力效应；太阳、空间、地面、地下的磁暴或磁效应。

6）动物异常的外因仿真。

7）地震前兆各类波的频谱、传播规律和波形特征。

8）地下物质的异常动态现象的解释与复验。

9）前兆现象的探索与预测的测量方法与仪表的研究，委托研究与验收。

10）地震三要素预测的评价体系的设计与完善。

11）地震长期、中期、短期到临震期，预测手段的协同关联，逐步精确聚焦三要素的设计。

12）强震、临震状态对三要素预测手段的分配设计，三要素可信度、漏报、虚报原因分析与复验。

13）天、空、地、地下四维监测预报台站网布局设计。

14）预测数据处理与传输的时间设计。

15）群测群防科学方法的验证与推广设计。

16）预测预报成败案例的分析与梳理。

1.8　预测预报评定

1.8.1　预测预报评定的必要性

当对于灾害的一种前兆，经预测分析形成了灾害有关的预报意见时，期望能给予客观评定；当对于灾害的多种前兆，经预测综合分析形成了灾害有关的预报意见时，也期望能给予客观评定；只有有了这种客观的评定评价，我们才能进而指导预测预报未来的灾害，使之可靠性、可信度更高，失误率更低，漏失率更小。

因为灾害的预测预报的许多方法有时成功，有时失败，是成功率高，还是失败率高，在通过实践与统计分析总结后，也需要对它作出客观的评定评价。只有有了这种客观的评定评价，我们才能得出各种方法在预测预报未来灾害中的贡献率，即加权系数。

灾害孕育过程中的各种前兆因素，出现的时间先后不一样，与发生地址的距离不一样，在不同时空下对灾害预测预报的贡献大小不一样，在我们作出决策时，需要正确评估它们相继做出的贡献率，寻求它们之间在时序相关性上的加权系数。显然，这种规律也有待我们长期持之以恒地去总结。

总之，需要对每一种方法或每套方法对准确预测预报灾害的贡献程度作出评定；需要建立一套从定性化逐步地向定量化方向发展的评价指标，以及逐步完善的由评价方式与准则构成的评价体系。这套评价体系不可能一步到位，允许在实践中不断完善。

1.8.2 评定与评价方式及准则

（1）前提条件

各种前兆预测预报方法评定的前提是每种预测预报方法的数据处理速度与上报速度，能否达到预测预报高速反应要求。

（2）允许宽严不一的评定原则

对于灾害的中长期预测预报和短临期预测预报，允许宽严要求不一的评定原则。

灾害发生前出现的异常前兆现象，有的可供作出长期预测的依据，有的可供作出中期预测的依据，有的可供作出短期预测的依据，而有的可供作出临灾发生前的临（灾）前期预测的依据。人们可以根据不同长、中、短、临前期的预测，作出相应的各种防灾救灾防范准备。越是短期预测和临前期预测，其时间紧迫性要求越高，预测准确度要求越高，准确预测工作的责任越大。所以从事此项工作的，必须是一支具有高度组织纪律性和责任感的队伍。

在灾害预测的不同时期，各种预测手段对前兆信息的反应时间、数据处理时间、综合集成平衡决策判断时间的长短快慢和紧迫性要求是不同的。中长期预测一般是在多年前对灾害可能性作出预测预报，对其预测手段处理响应时间的快慢和精度的高低，允许放宽一些；而对于短期预测、临（灾）前期预测，则越接近发生日期，其预测预报的处理响应时间和精度要求越高。这一时段探测手段反应的时间、数据处理的时间、综合集成平衡决策判断的时间，直到下达紧急预报、社会企业群众接到指令避灾的时间，都要一环扣一环地严加要求，给予评定。

（3）评定原则的分类

对于依据某一前兆现象及其测量方法作出灾害预测预报的评定

原则，分为以下四类情况。

1）当某前兆现象出现时，对所预报灾害产生的时、空、强度三项参数与实际灾害发生的三项参数进行比较，给出不同评价等级，误差越小越好。误差在一定的范围内，称为预报成功。预报成功出现的次数在总预报次数中所占比例为成功率。误差小而且成功概率高的最好；误差偏大但还落在预报范围内的，其成功概率还较高的，还算作好，只是误差偏大。如果灾害还是发生了，而误差过大，超出了划定范围，则评价此种灾害预报为部分成功。预报部分成功出现的次数在总预报次数中所占比例为部分成功率。上述预报灾害产生的时、空、强度三项参数中与实际灾害对应的三项参数比较，全都超出划定范围的，属于一种类型；而有一项或两项没有超出划定范围的，又属于另外两种类型。对此需要分别统计其单项成功率或单项部分成功率。这一项或两项如果预测误差都很小，成功次数在总预报次数中所占比例很高，则这些预测手段对灾害预报单项成功率的贡献应加权计入。

2）当某前兆现象出现时，预报了灾害产生的时、空、强度三项参数，事后灾害未发生，称为虚报。虚报的次数在总预报次数中所占比例为虚报率。经常发生虚报的前兆现象及其测量方法，在预测预报贡献率中的加权要大幅减小。

3）当某前兆现象不出现时，便可预报某种灾害不会产生，称为排（除）灾（害）判据。采取排（除）灾（害）判据，成功预报排灾的次数在总排灾预报次数（成功的次数和不成功的次数之和）中所占比例为排灾成功率。排灾成功率很高时，可以帮助判断灾害不会发生，解除对灾害的临灾警戒。然而如果排灾成功率不高，即声称不会发生灾害，实际却发生了灾害的排灾虚判率很高，则此前兆现象不宜作为排灾判据。

当某前兆现象出现时，便可预报某种灾害不会产生，也称为排（除）灾（害）判据。评价叙述同上。

4）灾害已经产生，而某前兆现象该出现而未出现、该测出而未测出，均称为漏测漏报。如果漏报次数与成功次数相比过大，依据这一前兆来预测预报某一灾害的置信度很低，就不能作为预测预报的主力手段。

（4）对不同综合方法的评定和对不同群体综合方法的评定

对于多种前兆现象、多种测量方法，综合在一起取长补短融合给出的预测预报结果的评定；对于多个预测预报群体，集成/会商，利用各类前兆现象关联性的支持，取长补短得出的预测预报结果的评定，其实质是在对单项优势前兆现象评价基础上的集成加权综合。如果有三种前兆现象，一种对于灾害发生时间能预测得很准，另一种对于灾害发生地址能预测得很准，一种对于灾害发生强度能预测得很准，三种方法合在一起，就能精确预报时间、地点和强度。三个臭皮匠顶个诸葛亮。这就是直观的一种综合集成。

由此可见，以上各种测量手段有的可预测中长期，有的可预测短临地震；有的测震级精度高，有的测震中位置精度高，有的测发震时间精度高。它们之间有相关性与互补性。可望采取各种手段分工接力、不断聚焦的精确观测方法来更准确地预测预报灾害。

（5）两种成功率评价

对一种预测方法进行评价，通常是采用这种方法对灾情作出预测后，考察报对了几次，报错了几次，其成功率等于报对的次数除以报对的次数与报错的次数之和。然而，实际上还有漏报的情况，应该把漏报次数一并统计在内。严格来讲，成功率等于报对的次数除以报对的次数与报错的次数、漏报的次数之和。为区别称谓，前者称二元成功率，后者称三元成功率。

（6）历史案例反验证评价

在对每一种预测方法开展了上述诸多项指标的评价后，还要作出历史案例反验证评价。即一种依据前兆的预测方法，需要通过以往历史上已知曾经发生过的灾害，核对是否也出现过这一前兆现象，依此前兆现象、运用该预测方法是否可以预测出灾害的发生，进而对此预测方法作出历史案例反验证的成功率评价。

只有将以上六个方面结合起来，才能形成一套对每一种预测方法贡献度的评定评价体系。

1.8.3　地震三要素预测预报的评定与评价方式及准则

1.8.3.1　关于联合国地震预报效果的综合评分

联合国全球计划项目协调办公室拟定的地震预测三要素评分准则，是将预测的三要素中值与实际值比较后进行评分，见表 1－2～表 1－4。如评为 80 分的：对应 7～8 级震级，时间误差为 25 天，震中距离误差为 165 千米，震级误差为 0.55；对应 6～6.9 级震级，时间误差为 19 天，震中距离误差为 105 千米，震级误差为 0.45；对应 5～5.9 级震级，时间误差为 13 天，震中距离误差为 65 千米，震级误差为 0.35；误差小的分数高，误差大的分数低。然后，按震级加权 20%，时间加权 35%，位置加权 45%，三者加权求和，对预测方法或预报效果进行比较。

表 1－2　震级在 7 级至 8 级，对预报的震级误差、
时间误差、震中距离误差的评分

评分	震级误差	时间误差/天	震中距离误差/km
100	0	0	0
95	0.14	6	35
90	0.28	12	80
85	0.41	18.5	120
80	0.55	25	165
75	0.70	32	210
70	0.85	39.5	255
65	0.98	47	300
60	1.1	55	350

表 1-3　震级在 6 级至 6.9 级，对预报的震级误差、
时间误差、震中距离误差的评分

评分	震级误差	时间误差/天	震中距离误差/km
100	0	0	0
95	0.11	4.5	25
90	0.22	9	50
85	0.34	14	77.5
80	0.45	19	105
75	0.56	24.5	134
70	0.68	30	162
65	0.79	36	194
60	0.90	42	225

表 1-4　震级在 5 级至 5.9 级，对预报的震级误差、
时间误差、震中距离误差的评分

评分	震级误差	时间误差/天	震中距离误差/km
100	0	0	0
95	0.09	3	15
90	0.18	6	32.5
85	0.26	9.5	49
80	0.35	13	65
75	0.44	16.5	85
70	0.58	20	105
65	0.64	25	127.5
60	0.70	29.5	150

上述联合国的评分，可作为综合评比的参考。

1.8.3.2　对我国地震三要素预报准确等级的建议

为更科学地探索地震预测规律，作如下建议。

1）中国对地震预测的每一种方法手段，不必按联合国将三要素综合计分，而采取以三要素分开单独评分。只要某一种预测方法能对三要素之一给出准确预测结果，也不失为一种好手段；能准确预测其中二要素乃至三要素，则此种预测方法更好。然后，可以通过择优组合各种单一要素预测优良手段，加以综合，再对三要素进行加权取值评分，就能获得更好的综合方法。

2）针对对生命财产危害大的强震（震级为 6 级及 6 级以上），地震专家们需要对某种或某些地震前兆进行观测与分析，得出预测预报结论，并通过打分作出评价。为此，提出如下评价体系：预测成功率、虚报率、漏报率、排灾率、反验证评价率、二元成功率、三元成功率、单要素评价、三要素评价、预测准确率等：

成功率＝预测成功次数/同级地震实际发生次数；

虚报率＝预测错误次数/同级地震实际发生次数；

漏报率＝未预报的次数/同级地震实际发生次数；

排灾率＝排灾成功次数/排灾预报总次数；

反验证评价率＝反验证成功次数/反验证总次数；

二元成功率＝报对次数/（报对次数＋报错次数）；

三元成功率＝报对次数/（报对次数＋报错次数＋漏报次数）。

准确率是指预测三要素的预测精度，详见后文。

由于地震从孕育到发生是一个演变过程，对地震中长期的预测、对地震短期的预测和对地震临震期的预测，因地震演变的机理不同，其测量手段与方法不同，因此对它们的评价应该不同，要有区别。而且从中长期到短期再到临震期如何更好地通过关联性分析，使之连贯聚焦，令预测更准确、精度更高，对这种方法也是需要评价的。

3）改进的地震预测三要素评分准则。

由于地震预测分长期、中期、短期和临震期预测，按联合国地震预测三要素评分准则没有区分给出地震预报效果的评分，对于 9 级以上地震也没有给出评分标准，不易在实际评价过程中采用。为此，在联合国评分准则基础上加以改进，制定了按不同震级范围（9级以上、7至8.9级、6至6.9级和5至5.9级等）的、针对不同地震时期（中期、短期、临震期）的有关地震三要素（地震震级、发震时间、震中位置）预测精度——准确率的评分准则（表1-5～表1-8）。

表1-5　地震预测三要素评分准则（9级以上震级）

评分	中期预测			短期预测			临震预测		
	震级差	时间差	震中差	震级差	时间差	震中差	震级差	时间差	震中差
100	0	0	0	0	0	0	0	0	0
95	0.15	11	100	0.13	7	70	0.12	3	40
90	0.30	22	200	0.27	14	140	0.25	7	80
85	0.45	33	300	0.41	21	210	0.37	11	120
80	0.60	45	400	0.55	28	280	0.50	15	160
75	0.75	57	512	0.66	36	347	0.60	19	207
70	0.90	70	625	0.77	44	415	0.70	23	255
65	1.05	82	737	0.88	52	482	0.80	27	302
60	1.20	95	850	1.00	60	550	0.90	32	350

表1-6　地震预测三要素评分准则（7.0至8.9级震级）

评分	中期预测			短期预测			临震预测		
	震级差	时间差	震中差	震级差	时间差	震中差	震级差	时间差	震中差
100	0	0	0	0	0	0	0	0	0
95	0.15	11	75	0.12	7	52	0.11	3	30
90	0.30	22	150	0.25	14	105	0.22	7	60
85	0.45	33	225	0.37	21	157	0.33	11	90
80	0.60	45	300	0.50	28	210	0.45	15	120
75	0.75	57	387	0.62	36	270	0.56	19	157
70	0.90	70	475	0.75	44	330	0.67	23	195
65	1.05	82	562	0.87	52	390	0.78	27	227
60	1.20	95	650	1.00	60	450	0.90	32	260

表 1 - 7　地震预测三要素评分准则（6.0 至 6.9 级震级）

评分	中期预测			短期预测			临震预测		
	震级差	时间差	震中差	震级差	时间差	震中差	震级差	时间差	震中差
100	0	0	0	0	0	0	0	0	0
95	0.12	7	50	0.10	6	33	0.07	3	19
90	0.25	15	100	0.20	12	67	0.15	7	39
85	0.37	22	150	0.30	18	100	0.22	10	58
80	0.50	30	200	0.40	24	134	0.30	14	78
75	0.62	38	255	0.47	30	170	0.37	18	99
70	0.75	47	310	0.55	37	207	0.45	22	121
65	0.87	56	365	0.62	43	243	0.52	26	142
60	1.00	65	420	0.70	50	280	0.60	30	164

表 1 - 8　地震预测三要素评分准则（5.0 至 5.9 级震级）

评分	中期预测			短期预测			临震预测		
	震级差	时间差	震中差	震级差	时间差	震中差	震级差	时间差	震中差
100	0	0	0	0	0	0	0	0	0
95	0.12	7	37	0.10	4	21	0.07	2	12
90	0.25	15	75	0.20	8	42	0.15	5	24
85	0.37	22	112	0.30	12	63	0.22	7	36
80	0.50	30	150	0.40	16	85	0.30	10	49
75	0.62	38	192	0.47	20	108	0.37	13	63
70	0.75	47	235	0.55	24	132	0.45	16	77
65	0.87	56	277	0.62	28	156	0.52	19	91
60	1.00	65	320	0.70	33	180	0.60	22	105

4）通过表中所示评分标准，我们可以对单项要素的预测手段与方法作出评价；而三要素的预测手段与方法的综合评价仍采用联合国的加权系数。改进后的评价准则，只是目前衡量各种预测结果的评分准则，属于研究奋斗的低指标；而高指标则在上述改进后的评价准则基础上，将时间预测精度提高一倍而供研讨厅研究的考核

参考。

5）从多种预测方法中优选各种单一项评分高的预测方法要素，同时计入其漏报率、虚报率；然后再综合集成，按三要素给出加权评价总分，形成综合集成优化方案。

以上所阐述的各项评价指标形成了一个从定性到定量的体系，它是通过钱学森研讨厅对地震预测开展研究的基础。

总之，钱学森先生开创的按系统工程思想从定性到定量的"综合集成研讨厅"方式的研究方法，采取群测手段，通过专群结合，进行模拟仿真，立足定量判据和定性加权，对灾害监测结果进行综合集成，作出判断。许多灾害突发性很强，组织专家讨论恐怕都来不及，因此，钱学森综合集成研讨厅平时超前组织专家举行许多次预测预报的预案研讨，设想事到临头会遇到的某种不测情况下的应急对策建议。

从上述对灾害的应对过程可知，预测预报灾害的成败的重要前提是，所有相关信息能及时汇总送达。所以，前兆数据传输的通信保障至关重要。

第 2 章　地面监测预测台站与数据传输设计

引言

　　针对自然灾害的防灾救灾，我国各灾害业务主管部门都按所辖灾种业务，在全国有关地区相应地安装了数十万个地面灾害监测预测仪表设备，组成了监测预测台站网。所监测预测的数据可以归纳为四种类型：

　　1）平时的本底数据；

　　2）灾前及临灾时出现的前兆紧急信息数据；

　　3）灾后最紧急时间段即时的灾情基本数据；

　　4）灾后次生灾害发生前出现的临灾前兆的各种信息数据等。

　　为万无一失地保障将灾害前兆数据和灾后第一时间的灾情，以最快的速度向上级和群众通报，通信数据传输系统必须严上加严。正如第 1 章中所述，必须双保险、互为备份。地面通信是一条信道，卫星通信则是另一条信道。地面监测预测台站及其各种仪表设备瞬间采集的数据信息，如何经过附加在其上的终端（DCP），向（数据采集）卫星（星座系统）发送的问题，涉及灾害数据的采集、灾害数据的分类、灾害数据采集地址的分布、灾害数据的分析、数据率的归类与统一、地面终端与卫星通信传输速率与容量的匹配设计、终端指标性能的规范设计等。本章将围绕这些问题，阐述地面监测预测台站与数据传输设计方案。

2.1　灾害数据传输需求的总体设计思想

各灾害地面监测预测台站的仪表设备性能，关系到卫星星座系统的数据采集能力，反应能力，（数据采集）卫星（星座系统）与地面监测预测台站间数据传输格式、速率与方案，以及卫星星座对地面台站的无缝隙实时传输能力（即时间分辨率）等一系列需求的匹配设计。因此，本节首先从全局上阐述数据采集与卫星星座系统（Data Collection Satellite Constellation and System，DCSS）和地面灾害监测预测台站终端（Data Collection Processing Unit，DCP）间的总体设计思想。

2.1.1　各灾害地面监测预测台站的仪表设备性能的内涵

这些仪表设备的性能指标包括：量程范围，模拟量或数字量，测量精度，被测量物理化学量的平时变化幅值和变化频率，被测量物理、化学量在灾前呈现前兆异常信号变化的幅值、变化频率，异常信号持续出现的时间（间隔），异常信号出现时刻到预测灾难暴发时刻的时间间距——临灾预警时间间隔，简称"预测降灾时段"。

2.1.2　减少数据传输终端数量的原则

为减少数据传输终端（DCP）的数量，原则上采取同一地址的多台仪表设备合用一台终端。处于不同地址的或移动灾害监测预测台站仪表设备，则使用各自的终端。

2.1.3　减少数据传输终端数据传输量的原则

为了减少数据传输终端的数据传输量，各固定台站的站址、仪器设备的事先固定量、约定的物理化学量及计量单位等都用一个事先约定的代码表征。

2.1.4　一次采集的平均发送数据率

每台仪器设备的数据率是按照其有效量程范围除以有效测量精度值的 2 进制数字化比特（bit）值（小数进位）作基本数据量。此数据量每隔多久才发送一次的时间称为数据发送时间。这样此台仪器设备发送一次采集数据的平均发送数据率（bps），即为采集基本数据量除以数据发送一次的时间。

2.1.5　数据传输终端的品种分档原则

数据传输终端（DCP）所传输不同仪器设备数据的发送数据率大小不等，品种将会有很多；为减少其品种数量，按统一规范设计为几种。DCP 的分类，应根据各灾种不同传输数据率的实际需求，综合协调给出若干档。选用 DCP 的档次时，尽可能采用中低档产品，既节省费用，通常可靠性也较高。

2.1.6　日数据总量的估算

每台仪器设备的日发送数据量是每次发送数据量乘以每日发送的次数。每日发送数据量，换算成字节 Byte，则除以 8。该台仪器设备的日平均发送数据率等于每日发送数据量（bit 数）除以86 400 秒。

2.1.7　对于音频视频信号的数据传输设计

一种方案是卫星根据地面灾害监测预测数据采集台站的需要，保证频宽。

另一种方案则针对地面灾害监测预测数据采集台站的绝大多数的数据率需要，设计相应频宽即数据率有限的数据采集卫星。这种卫星可以做得很小，几十颗卫星的成本总计相当于 2～3 颗中等卫星的成本，相应的传输数据率有 400 bps、1.2 kbps、4.8 kbps 等档次，只能传输 400 个文字量级的短报文，或传输有限的几幅静止图像，而音频信号和视频信号原则上不能传输。

2.1.8　卫星传输数据总量计算

将所有地面台站的仪表设备各自合用终端的日发送数据量求和，即得卫星数据传输的总量。

2.1.9　数据采集卫星的需求指标设计与管理原则

关于卫星星座方案的总体设计，按系统工程总体设计原则，首先必须对需求目标进行细致分析、详细论证。为此，在方案设计之初，总体提出了需求分析的调研讨论协商提纲，即《卫星数据采集系统数据传输需求大纲》。在征求各灾害业务主管部门对大纲内容格式的修改补充意见后，若无异议，则按所提要求，请各灾害业务主管部门委派责任小组或责任人，负责按大纲要求详细填写。在填写过程中，总体需再三与各灾害业务主管部门委派责任小组或责任人一一商讨，以保证正确理解所填项目的定义和内容。在各灾害业务主管部门对相关责任小组或责任人所填写内容进行审核确认后，总体和各灾害业务主管部门委派责任小组或责任人就所填写内容进行核对，双方签字确认，作为研制设计数据采集卫星星座与系统（DCSS）的总的基本依据。

2.2　灾害数据传输需求论证与组织

2.2.1　各灾种的数据传输需求论证大纲

《卫星数据采集系统数据传输需求大纲》的具体内容包括：

1）监测台站手段的名称，及其所属监测台站和地理位置（若不能给出具体位置，请提供监测台站的初步站址或者分布区域；若某一种监测方法由多个台站构成，一并给出所有台站的位置）。如果一种手段在同一站址中同时有多台或多个通道，写明总数量。

2）监测台站手段属于哪一灾害类型（台风、暴雨、洪涝、旱灾、雪灾、冰凌、森林与草原火灾、赤潮、地震、滑坡、泥石流、沙尘暴、典型地区的病虫害等)。

3) 信号采集的基本原理及与灾害的对应关系 (简要描述监测信号与灾害的相关性，以及灾害孕育或者发生过程中产生异常信号的物理过程，可以是假说或者推测)。

4) 灾害异常信息的识别和表达方式 (描述灾害孕育或者发生过程中监测信号异常时的形态，如何判别，是否可以用定量的方式表达)。

5) 拟采用的设备名称 (给出拟采用监测设备的类别和型号；若尚处于研制阶段，给出设备名称)。

6) 监测物理量 (如电压、电流、磁场、应力应变、重力、位移、声音强度、频率、物质含量、流量、温湿度、气压、水位等，并给出物理量单位)。

7) 若监测采集到的信号为数字量，给出：a) 本底信号与异常信号的采样速率 (单位为 Hz，若时长大于 1 秒，则采样速率为小数)；b) 每一次灾害异常信号出现时刻到结束时刻的持续时间间隔 (单位为时、分、秒)；c) 信号幅值范围 (本底信号幅值可能的最小值和最大值；灾害异常信号幅值可能的最小值和最大值，注意写明正负号)；d) 信号精度 (在监测仪器的分辨率基础上，降低至确保判别灾情特征的最低信号精度，即在异常信号幅值可能的最小值和最大值的取值区间内，只需读出几个异常信号特征幅值即可，而不必过精过细)。

8) 若监测采集到的信号为连续的模拟信号，尚未进行数字化，则 7) 项改为考虑本项：a) 本底信号与异常信号的时间-幅值关系的特性图，标明时间计量单位、信号幅值范围与计量单位；b) 每一次灾害异常信号出现时刻到结束时刻的持续时间间隔 (单位为时、分、秒)；c) 信号幅值范围 (本底信号幅值可能的最小值和最大值；灾害异常信号幅值可能的最小值和最大值，注意写明正负号)；d) 信号精度 (在监测仪器的分辨率基础上，降低至确保判别灾情特征的最低信号精度，即在异常信号幅值可能的最小值和最大值的取值区间内，只需保证读出几个异常信号特征幅值即可，而不必过于精细，浪费数据传输资源）。

9）异常信号持续时间，即异常信号出现到消失的持续时间。若不确定，可以给出大致的范围，如异常信号持续 10 秒到 15 分钟。

10）卫星延迟到达后，允许再传输的滞后时间间隔值。这是指采集到信号后，尤其异常信号出现后，若卫星此刻不在通信范围内，那么此异常信号最久可以允许延迟多长时间，等待卫星过顶时再传输。若不能给出相对准确的允许延迟传输的时间，也给出一个估计值。

11）若卫星通信信道因拥挤而不能实时连续接力传输异常信号，而只能隔 13～14 分钟后才传输上次信号，有何处理方法不影响信息传输的时效性？若不能，请说明原因。这也如同卫星每隔 13～14 分钟过顶一次的情况。

12）给出监测信号的示例，包含正常信号的波形和异常信号的波形。

2.2.2　数据传输需求初步论证与分析的组织

为落实将各灾害业务主管部门各种地面监测预测台站采集的数据，通过卫星传输到灾害业务主管部门的系统研发工作，需要组织方案的可行性论证。

1）首先下达"卫星数据采集系统"设计论证任务。要求论证是否可采用 20 kg 量级的微纳卫星，实现对我国或国际自然灾害的各类地面监测预测台站采集的数据，在时间上无缝隙地连续实时传输。任务包括：各灾种地面监测预测台站加装的不同的终端（DCP）、微纳卫星星座和卫星地面数据接收站，这三大部分将组成一个完整的系统，称为"数据采集微纳卫星星座与系统"，简称 DCSS。

2）任命论证总设计师。总设计师随即具体部署、组织详细需求的论证与分析工作。按照总体设计原则提出《微纳卫星数据采集系统数据传输需求》需要论证的 12 个方面的内容，分别交给灾害业务主管部门。同时，成立 DCSS 用户需求论证组，各灾害业务主管部门指派负责任的专业人员参加论证。

3）灾害业务主管部门确定负责人员就《卫星数据采集系统数据传输需求》进行填写，并汇总到 DCSS 用户需求论证组。

2.2.3　数据传输需求论证的完善与确认

1）DCSS 需求论证组对各灾种填写的"数据传输需求"进行汇总，按照微纳卫星设计要求，将各部门的各类灾害信息进行分类，制成 Excel 数据传输需求表，对于其中填写得不明确的信息，根据搜集到的该类监测仪器设备的性能参数，加以补充和完善，并反馈给灾害业务主管部门予以核对确认，以保证监测仪器设备的性能参数的可信度。

2）对灾害业务主管部门尚未明确的需求，应再三反馈，确认有无数据传输需求的补充。

3）对于相关灾种未来对 DCSS 数据传输的需求，要求作出估计。

4）DCSS 需求论证组最后汇总相关灾种 DCSS 数据传输需求后，由灾害业务主管部门指定的代表签字认可。

5）对于暂时尚没有需要通过 DCSS 传输的数据，DCSS 需求论证组从总体发展上分析考虑后，预留余量。

2.3　数据传输终端设计

经上述需求论证与核对确认后，各灾害业务主管部门地面的各监测预报台站的观测基本方法、前兆现象的特点、数据传输的速率与需求量、台站数量、台站中各类仪表设备的地址与数量的关系、终端可合用的可能性等均已清晰，据此可以按总体设计原则设计相应的监测预报台站的终端采集方式。本节将分别按不同灾种类型，阐述数据采集量，灾害监测物理量与设备，终端设计建议，以及数据传输日需求汇总总量。

2.3.1　单台仪表的数据采集量计算

各灾害业务主管部门在全国灾害频发地区布设了许多灾害监测预测台站，对各自灾种的灾前、灾中、灾后现象进行采集。这些监测预测台站有的是由众多仪表组成，有的只是单一仪表，为了将它们所采集的数据通过卫星向灾害业务主管部门立即送达，需要考虑卫星的数据传输能力。为此需要计算每一台仪表的平均数据率和日平均数据传输量，这也是每一台仪表加装数据传输终端的基本设计依据。

设仪表监测范围为 D，单位为物理计量单位，仪表测量量化精度为 A，单位为同上的物理计量单位，则仪表单次需传输的数据量（单位 bit）为

$$E = \log_2 \frac{D}{A}$$

若仪表每获得一次监测数据量，要在 n 秒的时间间隔内传输出去，则传输此数据的平均数据率为 E/n（单位 bps）。仪表若同时有多路或对多个方向的测量，则其单次需传输的数据量是这些测量数据量之和。

这样该仪表日平均数据传输量＝所传数据的平均数据率×86 400÷8，单位为 Byte（简写为 B）。

将所有灾害监测预测台站的所有仪表数据量累加，即得需要卫星日平均传输的净数据量。卫星日平均传输的总数据量则需再加上台站和仪表的识别代码、地址代码、所发送的信息名称的代码、数据采集时刻的代码、数据发出时刻的代码、纠错码、识别码，以及数据分包码等。

如果多台仪表合用一台数据采集终端，则此终端的传输容量是多台仪表发送采集数据量的总和。

2.3.2　灾害关联性科学研究平台试验区数据采集量

以在一个试验区范围内，从事灾害关联性科学研究平台所设想配置的各种台站及其众多仪表为例，说明如何按上述基本公式计算出卫星需要多大的数据传输能力。

在灾害关联性科学研究平台试验区内，设想将建设综合观测站、观测站和群测点等三个层次的台站网，这些台站网中的仪表所采集的数据都需要通过卫星进行传输。

综合观测站，所配置的仪表设备包括时纬残差、流体波、地磁、次声波、地声、温度、深井流体等观测仪器，布设在试验区内敏感部位。

观测站，所配置的仪表设备包括地声、地磁、温度、天然地电位、浅井流体等观测仪器，布设在综合观测站周围。

群测点，所配置的仪表设备包括天然地电位前哨观测仪、光纤综合井观测仪，以及地声、地磁、温度、天然地电位等观测仪器，布设在观测站周围。

2.3.2.1　试验区灾害监测物理量与设备

（1）时纬残差

①天文观测数据

观测物理量：观测天顶周围 1°范围内的恒星，计算得到天文经度和纬度；

数据类型：数据为时间序列；

观测时间：夜间观测，每晚观测数百颗恒星；

时间分辨率：小时；

观测精度：每组观测（约 1 小时，数十颗恒星）的单星精度优于 $0.2''$。

动态范围：$\pm 0.2'' \sim \pm 0.4''$；

观测实时数据采集速率 1.5 Mbps。

每台多功能光电等高仪每次监测的数据包括四个部分：

仪器所处的经度：在某一范围内取值。

仪器所处的纬度：在某一范围内取值。

垂线偏差的东西分量：按±100″测量，精度 0.02″。

垂线偏差的南北分量：按±100″测量，精度 0.02″。

每晚观测原始数据量约为 1 400 MB（恒星图像数据）。由于需要的是数日、数周的垂线偏差和垂线变化，故观测数据不需要实时上传，由控制接收机保存备份。每晚观测数据经控制计算机处理后形成铅垂线偏差的角度信息。其他原始数据可择时在一周内通过地面数据传输网络传送至灾害数据处理中心。

每日给出一次仪器所处的经度值、纬度值、垂线偏差的东西分量值和垂线偏差的南北分量值，上送卫星。

②重力观测数据

• 绝对重力

采样率：1 Hz；

通道数：1；

动态范围：9.78～9.9 m/s²；

观测精度：1 μGal；

采样周期：仪器每秒观测一次，每秒将数据上送卫星一次。

• 相对重力

1）流动观测，由人操作，返回后上传数据到数据服务中心。

2）固定台站观测，采样率为 1 分钟。

动态范围：9.78～9.9 m/s²；

观测精度：5 μGal；

月漂移率 $<500.0\times10^{-8}$ m/s²；

采样周期：仪器每分钟读一次数，每分钟将数据上送卫星一次。

（2）HRT 波

测量物理量：地电阻；

动态范围 ：±2 500 mV；

测量通道：3＋3，共 64 个数据量；

测量分辨率：40 mV 档为 1 μV，2 000 mV 档为 30 μV，每个数据都按 32 bit 计值输出。

采样周期：每 2 秒钟测量一次数据，巡回检测 64 个不同数据，128 秒完成一轮检测，测量通道 6 个；

每一轮观测的结果为 32 bit/个×64 个×6＝12 288 bit 的数据，上送卫星。

（3）地磁

测量方法包括地磁转换函数法、地磁加卸载响应比法、空间相关和加权差法、磁偏角二倍法。

测量物理量：磁偏角 D、磁倾角 I、总强度 F、水平强度 H、北向分量 X、东向分量 Y 和垂直强度 Z 的经过绝对观测控制的数据；

通道数：3（相对磁力仪、震磁异常探测仪）、1（绝对磁力仪）、2（倾角和偏角绝对值观测仪）；

相对磁力仪的精度：3 nT；

相对磁力仪采样间隔：每分钟读一次数并上送卫星；

绝对磁力仪精度为：0.1 nT；

绝对磁力仪采样间隔：每 4～999 秒可调，读一次数并上送卫星（后面计算时取 1 分钟为例）。

（4）次声波

测量物理量：次声波；

频响范围：0.5～200 秒（最高采样率为 2× [1/0.5] Hz）；

监测声压范围：0.01～100 Pa；

动态范围：80 dB；

输出电压：300 mV/Pa 和 80 mV/Pa；

采样间隔：连续记录一分钟的累计观测数据后，上送卫星一次。

（5）地声

测量物理量：地声的声强和声调；

有效频宽：20～500 Hz；

动态范围：120 dB；

观测精度：—34 dB（19.9 mV）；

采样率：1 kHz（平常时段），20 kHz（前兆临近与出现时段）。

（6）温度异常

测量物理量：地表和深井中的温度；

动态范围：—20～60 ℃（地表），0～140 ℃（深井）；

测量精度：深井 0.001 ℃，地表浅井 0.1 ℃；

采样间隔：1 分钟观测、读取一次数据，上送卫星一次。

（7）地下动态扫描

•宽频地震仪

观测频宽：（1/120）～50 Hz；

采样率：100 Hz；

单台仪器通道数：3。

•大地电磁仪

观测频宽：（1/10 000）～320 Hz；

采样率：1 kHz；

单台仪器通道数：4。

由于此两类数据是作为地震预测分析的地质构造资料用，完成一个剖面采样间隔时间较长（约 100 小时），是非实时的采集方式，不必采用卫星传输。

（8）天然地电位

测量物理量：地电压；

信号范围：—200～200 mV；

观测精度：0.1 mV；

观测频宽：10 Hz 以下；

单台仪器通道数：1；

采样间隔：连续记录 5 分钟后，将观测数据上送卫星一次。

（9）流体观测

近地表观测系统技术参数（固定综合台站）见表 2 - 1。

表 2 - 1　近地表观测系统技术参数（固定综合台站）

观测物理量	观测仪器	精度	设备采样一次数据的时间间隔
水位	水位仪	1 mm	1～60 秒（后例中以 60 秒计）
水温	水温仪	0.000 1 ℃	1 分钟
氡	测氡仪	0.1 Bq/L	1 小时
汞	测汞仪	1 ng/L	1 小时
氦	测氦仪	1 ppm	1 小时
氢	测氢仪	1 ppm	1 小时
水电流	水电流观测仪	2 mV	1～60 秒（后例中以 1 秒计）
二氧化碳	高精度 CO_2 仪	2.5%	1～24 小时（后例中以 1 小时计）
甲烷	气相色谱仪	0.01 mg/L	1～24 小时（后例中以 1 小时计）
水位、温度、CO_2、CO、CH_4	光纤传感器	0.01 mg/L	1～24 小时（后例中以 1 小时计）

近地表观测系统技术参数（浅井台站）见表 2 - 2。

表 2 - 2　近地表观测系统技术参数（浅井台站）

观测物理量	观测仪器	精度	设备采样一个数据的时间间隔
水位	光纤传感器	5 mm	1～60 秒（后例中以 60 秒计）
水温		0.1 ℃	1 分钟
二氧化碳		1 ppm	1～24 小时（后例中以 1 小时计）
一氧化碳		1 ppm	1～24 小时（后例中以 1 小时计）
甲烷		1 ppm	1～24 小时（后例中以 1 小时计）
氡	测氡仪	0.1 Bq/L	1 小时
汞	测汞仪	1 ng/L	1 小时

（10）虎皮鹦鹉异常行为

观测物理量：虎皮鹦鹉每日跳动次数；

单台仪器通道数：1；

输出范围：1～10 000；

采样间隔：将每 24 小时内累计的跳动次数总值，一次上送卫星。

2.3.2.2 试验区传输终端设计建议

灾害关联性科学研究平台试验区的各类监测仪器分布在整个关联性科学研究平台试验区范围内，分为综合观测站、观测站以及群测点三个层次。

其中综合观测站的仪器包括时纬残差、HRT 波、地磁、次声波、地声、温度、深井流体和虎皮鹦鹉。时纬残差仪器中的天文仪器，不能和综合观测站其他仪器放置在同一位置，需要单独布设；HRT 波观测仪由于对地电观察有影响，且其观测站的观测范围较广，需要单独布设站点；其他仪器可以布设在同一个综合观测站内。

观测站包括地声、地磁、温度、天然地电位、浅井流体五种观测仪器，按照平均每 40 km 一个观测站设置，均匀布设在综合观测站周围，所有仪器均布设在同一观测站内。

群测点包括天然地电位前哨观测仪、光纤综合井观测仪和磁喷前哨观测仪三种观测仪器，按照平均每 10 km 一个群测点设置，均匀布设在试验区，其中天然地电位前哨观测仪、光纤综合井观测仪布设在同一群测点，磁喷前哨观测仪则可以根据监测的实际需求，有选择地布设在人员相对密集的地区。

2.3.2.3 试验区数据传输需求汇总

综合观测站的构成和数据传输需求汇总表见表 2-3～表 2-5。

2.3.3 森林草原火灾监测数据采集量

森林草原火灾监测预测的数据传输需求如下。

2.3.3.1 森林草原火灾监测物理量与设备

如果地面枯落物载量较多、连续多日无降水、温度过高，导致可燃物干燥，则森林草原火险等级会增加；同时，风速风向、地形等对森林火灾的蔓延极为关键。森林草原火灾应重点观测可燃物及其环境因子，主要包括：温度、湿度、降水、风速、风向、载量等；森林草原大火发生后，还需要观测其热辐射、蔓延变化等。

表 2 - 3　综合观测站的构成和数据传输需求汇总表

方法名称		采样范围	精度	量化精度/bit	通道数	采样一个数的间隔时间	设备台数	异常信号出现到灾害发生的时间间隔
时纬残差	天文仪器	经度、纬度、垂线偏差的东西分量：±100″；垂线偏差的南北分量：范围±100″	经纬度精度为角分；垂直偏差精度为0.02″	67	1	1天采一次，上送一次	7	数月~数月
绝对重力		$(9.78\sim9.9)\times10^8\ \mu\text{Gal}$	1 μGal	24	1	1秒采一次，上送一次	2	数周~数月
相对重力		$(9.78\sim9.9)\times10^9\ \mu\text{Gal}$	5 μGal	22	1	1分钟采一次，上送一次	3	
HRT波		$-2\,500\sim2\,500\ \text{mV}$	1 mV	2048	6	128秒观测一轮，上送一次	10	几小时~两三天
地磁	相对磁场强度	0~100 000 nT	3 nT	16	3	1分钟读一个数后上送	5	10~25天
	绝对磁场强度	0~100 000 nT	0.1 nT	20	1			
	磁场角度	0~90°	0.1′	16	2			
次声波		80 dB		7	1	连续记录1分钟的累计观测数据后，上送一次	1	7~15天

续表

方法名称		采样范围	精度	量化精度/bit	通道数	采样一个数的间隔时间	设备台数	异常信号出现到灾害发生的时间间隔
地声	前兆出现时段	120 dB		300	1	(1/20 k)秒读一个数后上送	5	几分钟～几小时
	平常时段	120 dB		300	1	(1/1 k)秒读一个数后上送	5	
深井流体	温度	0～140 ℃	0.001℃	18	1	1分钟读一个数后上送	5	1～30 天
	水位		1 mm	10	1	1～60 秒（后以60秒计）读一个数后上送	5	
	水温	0～70 ℃	0.001 ℃	10	1	1分钟读一个数后上送	5	
	氡		0.1 Bq/L	10	1	1小时读一个数后上送	5	
	汞		1 ng/L	10	1	1小时读一个数后上送	5	
	氦		1 ppm	10	1	1小时读一个数后上送	5	

续表

方法名称		采样范围	精度	量化精度/bit	通道数	采样一个数的时间间隔	设备台数	异常信号出现到灾害发生的时间间隔
深井流体	氢		1 ppm	10	1	1 小时读一个数后上送	5	1~30 天
	水电流		2 mV	10	1	1~60 秒（后例中以 1 秒计）读一个数后上送	5	
	二氧化碳	(350~450) ppm	0.025 ppm	12	1	1~24 小时（后例中以 1 小时计）读一个数后上送	5	
	甲烷		0.01 mg/L	10	1	1~24 小时（后例中以 1 小时计）读一个数后上送	5	
虎皮鹦鹉		1~10 000	1	14	1	一天上送一次	5	1~9 天

表 2 - 4　观测站的构成和数据传输需求汇总表

方法名称		采样范围	精度	量化精度/bit	通道数	采样一个数的间隔时间	设备台数	异常信号出现到灾害发生的时间间隔
	天然地电位	−200~200 mV	0.1 mV	8	1	5分钟	52	2~5天
地磁	光纤地磁预警	0~100 000 nT	1 000 nT	7	3	1分钟	52	几小时
地声	前兆出现时段	120 dB		20	1	20 kHz	52	几分钟到几小时
	平常时段	120 dB		20	1	1 kHz	52	
	温度	−20~60 ℃	0.1 ℃	12	1	1分钟	52	1~30天
	水位		5 mm	8	1	1~60 秒（后例中以 60 秒计）	52	
	水温	−20~30 ℃	0.1 ℃	8	1	5分钟	52	
浅井流体	二氧化碳		1 ppm	10	1	1~24 小时（后例中以 1 小时计）	52	
	一氧化碳		1 ppm	10	1	1~24 小时（后例中以 1 小时计）	52	
	甲烷		1 ppm	10	1	1~24 小时（后例中以 1 小时计）	52	
	氡		0.1 Bq/L	10	1	1小时	52	
	汞		1 ng/L	10	1	1小时	52	

表 2 - 5　群测点的构成和数据传输需求汇总表

方法名称		采样范围	精度	量化精度/bit	通道数	采样一个数的间隔时间	设备台数	异常信号出现到灾害发生的时间间隔
天然地电位		−200~200 mV	0.1 mV	8	1	5 分钟	1 500	2~5 天
地磁	光纤地磁预警	0~100 000 nT	1 000 nT	7	3	1 分钟	1 500	几小时
地声	前兆出现时段	120 dB		20	1	20 kHz	1 500	几分钟~几小时
	平常时段	120 dB		20	1	1 kHz	1 500	
浅井流体	水位		5 mm	8	1	1~60 秒（后例中以 60 秒计）	1 500	1~30 天
	水温		0.1 ℃	8	1	5 分钟	1 500	
	二氧化碳		1 ppm	10	1	1~24 小时（后例中以 1 小时计）	1 500	
	甲烷		1 ppm	10	1	1~24 小时（后例中以 1 小时计）	1 500	

注：此外，还有由数量众多的磁喷前哨观测仪组成的观测网。

对森林草原火灾监测的仪表，主要是监测火点温度、气象和土壤湿度等。平时 1 小时监测一次并传输一次，火灾扑救中要求每 10 分钟对信息进行及时的监测和传输。

（1）火场燃烧现状视频

采用红外摄像机监测火场燃烧现状，监测的结果形式包括视频和数码照片。

（2）辐射量

监测物理量：森林草原火灾的火点温度。

监测设备，监测结果形式，图像大小：略。

采样间隔：每 10 分钟拍摄 10 张热红外辐射照片，选取其中的 5～10 张传输。

（3）降水量、温度、风速、风向

监测物理量：降水量、温度、风速、风向。

监测设备，采样信号范围，采样精度：略。

采样间隔：降水量 1 天采样一次（全天降水量），上送一次；温度、风速每小时采样一次，上送一次；风向，采样信号范围为 8 个方向，每小时采样一次，上送一次。

（4）土壤湿度

监测物理量：土壤湿度。

监测设备，采样信号范围，采样精度：略。

采样间隔：将采集一小时之值，上送一次。

2.3.3.2　森林草原火灾传输终端设计建议

数据需实时传输。在不得已时，可以允许延时传输，平时允许延时传输的时间为 1 个小时，火灾扑救现场允许延时传输的时间是 10 分钟。

以上监测信号中辐射量测量仪表是移动设备，需要设计移动式的数据传输终端；降水量、温度、风速、风向四类仪表数据，可以设计成合用一个数据传输终端传输；土壤湿度仪表需单独采用一个数据传输终端传输数据。

2.3.4　沙尘暴灾害监测数据采集量

沙尘暴灾害监测预测的数据传输需求如下。

2.3.4.1　沙尘暴灾害监测物理量与设备

沙尘暴指强风将地面大量尘沙吹起、使空气很混浊、水平能见度小于 1 km 的天气现象；强沙尘暴指大风将地面尘沙吹起、使空气模糊不清、混浊不堪、水平能见度小于 500 m 的天气现象。沙尘暴地面监测站主要是通过对风、沙、温度等形成沙尘暴的主要气象要素进行监测，为实现对沙尘暴的控制提供技术基础。

沙尘暴灾害的监测仪表设备主要观测大气混浊度、能见度、土壤水分以及 TSP 等信息。要求每 10 分钟对沙尘暴源区进行一次监测和传输。

沙尘暴源头区监测要在沙漠地带对沙尘暴的运动进行监测，这些地域很难建立有效的地面通信网络，移动通信在这类地区的覆盖不完备，卫星通信是覆盖这些区域的可靠途径。

（1）大气混浊度、能见度、TSP 采样器、PM10 等采样器

监测物理量：分别为大气混浊度、能见度、TSP、PM10 等。

监测设备，采样信号范围，采样精度：略。

采样间隔：10 分钟测一次并上送一次。

（2）土壤水分

监测物理量：土壤水分。

监测设备，采样信号范围，采样精度：略。

采样间隔：1 小时测一次并上送一次。

2.3.4.2　沙尘暴数据传输终端设计建议

以上监测 TSP 和 PM10 的采集数据，可以设计一个数据传输终端传输这两类数据，其他信号分别采用单独的数据传输终端传输数据。

2.3.5　滑坡和泥石流灾害监测数据采集量

滑坡和泥石流监测预测的数据传输需求如下。

2.3.5.1　滑坡灾害监测物理量与设备

在滑坡灾害易发地域建立的监测台站，正常情况下每 30 分钟采集并传输一次，出现变化时要求实时传送监测数据。

滑坡灾害监测的仪表种类很多，主要监测地表位移、倾斜、含水率、土压力、水位及雨量等信息。

（1）地表位移

监测地表位移的设备很多，有固定的，也有移动的。

通常采样间隔：半天（一天两次）测一次值，上送卫星。

一旦在监测点发生地表裂缝，仪器可以实时监测位移的发生和大小，且该信息必须及时传输，尽可能减少延迟。这时，采样间隔为 30 分钟测一次值，上送卫星。建议每 10 分钟采集并传输一次，紧急情况下每 0.02 秒监测并传输一次。

（2）地倾斜

这类仪器有固定的，也有移动的。

采样间隔：30 分钟测一次值，上送卫星。建议每 10 分钟采集并传输一次，紧急情况下每 0.02 秒监测并传输一次。

（3）含水率、土压力、孔隙水压力、水位、雨量

监测设备，采样信号范围，采样精度：略。

采样间隔：30 分钟测一次值，上送卫星；而雨量采样间隔：必要时可 5～10 分钟测一次值，上送卫星。

2.3.5.2　泥石流灾害监测物理量与设备

全国在泥石流灾害易发山区地域建立的监测台站，正常情况下每 30 分钟采集并传输一次，出现变化时要求实时传送监测数据。一般为每 5～30 分钟完成一次信息采集和传输，对于泥石流地声和泥石流物源位移监测，要求发生变化时进行实时传输。

（1）雨量

监测物理量：雨量。

监测设备，采样信号范围，采样精度：略。

采样间隔：30 分钟测一次值，上送卫星。必要时可 5～10 分钟测一次值，上送卫星。

（2）地声

地声监测主要在泥石流的发生地监测泥石流运动时产生的地声，监测到地声信号后直接传输到当地，及时疏散当地人员，避免人员伤亡。同时该信息对于主管部门及时了解泥石流灾害的发生有很大意义。

监测物理量：声音。

监测设备，采样信号范围，采样精度：略。

采样间隔：监测到泥石流地声，仪器自动通知当地人员，并通过卫星实时传输到数据中心。

（3）泥位、泥石流物源监测等

监测设备，采样信号范围，采样精度：略。

采样间隔：30 分钟测一次值，上送卫星。建议每 10 分钟采集并传输一次，紧急情况下每 0.02 秒监测并传输一次。

2.3.6　水环境灾害和大气环境灾害监测数据采集量

水环境灾害和大气环境灾害监测预测的数据传输需求如下。

2.3.6.1　水环境灾害监测物理量与设备

水环境灾害监测仪表监测水温、COD、pH 值、浊度、溶解氧、电导率、高锰酸盐指数、氨氮、叶绿素 a、总磷、总氮、总有机碳等物理量。每 10 分钟对水质进行自动监测并传输。

2.3.6.2　水环境灾害数据传输终端设计建议

相关物理量的监测均由一台仪器集中完成，可以通过一个数据传输终端传输，且上述信号允许延迟传输。

2.3.6.3　大气环境灾害监测物理量与设备

大气环境灾害监测仪表监测空气中可吸入颗粒物（PM2.5、PM5、PM10）、二氧化硫、二氧化氮等物理量。每 5 分钟对空气质量进行监测并传输一次。这些数据需要通过卫星传输。

2.3.6.4　大气环境灾害传输终端设计建议

相关物理量的监测均由一台仪器集中完成，可以通过一个数据传输终端传输，且上述信号允许延迟传输。

2.3.7　农作物灾害监测数据采集量

针对洪涝、旱灾、低温冷冻和病虫害等农作物灾害采集土壤水分、气象、农作物长势和作物冠层温度等信息的测量数据均需通过卫星传输；同时对各个监测点的农作物长势由专业人员给出的文字性描述也需通过卫星传输。对监测数据传输的及时性要求一般为 1 小时。

2.3.7.1　农作物灾害监测物理量与设备

洪涝灾害，监测土壤水分、逐日降水量、作物光谱、作物长势等四个物理量。

旱灾，监测土壤水分、作物光谱、作物冠层温度、作物长势、逐日降水量等五个物理量。

低温冷冻灾害，监测逐日最高温度、逐日最低温度、作物光谱、作物长势等四个物理量。

病虫害，监测作物光谱和作物长势两个物理量。

以上四个灾种所监测的物理量可以共享大部分的监测信息，不必划分灾种，经卫星传输数据。

（1）土壤水分、气温、逐日降水量、逐日最高温度与最低温度、作物光谱、作物冠层温度等.

监测物理量，监测设备，采样信号范围：略。

其中，作物光谱监测的结果为一个 ASCII 码文件，包含 2 500

行×2 列＝5 000 个数据，每个监测数据采样范围为 0～99，分辨率为 1。

采样间隔：均为一天采样一次，上送一次。

（2）作物长势

监测物理量：作物长势。

监测设备：描述性文字。

采样信号范围：≤400 字符。

采样间隔：一天采样一次，上送一次。

2.3.7.2　农作物灾害数据传输终端设计建议

以上所监测的信息中，气温、逐日降水量、逐日最高温度与最低温度由一台仪器完成监测，可共用一个数据传输终端，其他的物理量分别由独立仪器完成监测，需要各自配备数据传输终端。

2.3.8　地震灾时监测数据采集量

在地震区域内部署地震灾时监测仪器，地震发生后 10 秒钟内监测仪器感震自动启动，地震发生 5 分钟内灾情综合监测仪器开始发送观测数据，采集的内容包括地震后破坏场景图像、地震谱烈度、温度、烟气浓度、毒气浓度等。地震发生后 30 分钟内，每5～10 分钟更新并传输一次观测数据，这些观测数据要通过卫星实时传送。

2.3.8.1　地震灾时监测物理量与设备

监测物理量，监测设备，采样信号范围：略。

采样间隔：地震发生后 30 分钟内，每 5 分钟上送一次。

2.3.8.2　地震灾时数据传输终端设计建议

上述监测信号可由同一台仪器监测，可共用一个数据传输终端进行传输。

2.3.9　其他灾害监测数据采集量

还有许多灾种，如台风、海啸、海上灾害等，诸如此类，不再

——列举。

2.3.10　未来需求预估

以上所需传输的各灾种监测预测物理量与数据量，均需相关灾害业务主管部门派代表一起分析论证提出。

2020 年前灾害监测预测数据传输设备总台数为 8 万台左右，2020 年后将达到 13 万～20 万台。

2.4　数据传输时效性分析

由于灾种不同，灾害前兆的监测信息，有的是突然出现，很快消失；有的是连续演变；有的是前兆现象变化徐缓；有的是前兆起伏跌宕；有的是前兆出现后，灾害迅即来临；有的则还要过一段时间，灾害才发生。其中，前兆出现后，灾害迅即发生的时间间隔值，决定了 DCSS 的时效性要求。

例如，滑坡灾害监测（地表裂缝突变监测、地表位移监测、倾斜监测、土压力监测）信息，正常情况下每 30 分钟采集并传输一次，出现变化时要求实时传送监测数据。山区泥石流灾害监测（物源位移监测、地声监测），一般为每 5～30 分钟采集并传输一次，出现变化时要求实时传送监测数据。对于重大地质灾害隐患点的监测要求每 10 分钟采集并传输一次，对滑坡、泥石流灾害易发区每 0.02 秒监测并传输一次。

水环境灾害监测，每 10 分钟自动监测并传输一次；大气环境灾害监测每 5 分钟自动监测并传输一次。这些数据需要通过卫星传输。对于河流源头和湿地的保护监测，由于地处偏远，无地面通信保障，需要卫星传输信息。重大水污染和大气污染事故的实时监测和响应，急需快速部署水污染和大气污染监测设备，这些数据需要通过卫星实时传输。

农作物洪涝、旱灾、低温冷冻、病虫害的监测，以及对各个监测点的农作物长势监测（文字性描述）的传输及时性要求一般为 1 小时。

地震发生 10 秒钟内监测仪器感震自动启动，要求实时传输，并每隔 5 分钟更新地震要素与次生灾情监测信息。由于是在地震发生后才开始监测，尤其是强震发生后，地面通信系统将会遭受严重的破坏而难以完成通信保障任务，同时移动通信也极可能发生瘫痪（如汶川地震发生时，便出现了这种情况），必须借助卫星实时传输。

森林与草原火灾监测，平时 1 小时监测并传输一次，火灾扑救中要求每 10 分钟对信息进行及时的监测和传输；火灾发生初期，火情信息即时传输尤为重要，必须将火头位置、火头温度、火头移动方向及速度等火势进展信息实时传输给扑救部门。监测火点温度的热红外辐射计，要随着火灾的发展，不断转移，实时探测，需要卫星通信提供全地域覆盖、实时、可移动的通信链路。

沙尘暴灾害监测，要求每 10 分钟对沙尘暴源区进行一次监测和传输。沙尘暴源头监测要在沙漠地带对沙尘暴的运动进行监测，如新疆塔克拉玛干沙漠、古尔班通古特沙漠无地面通信设施，这些地域很难建立有效的地面通信网络，卫星通信是覆盖这些区域的可靠途径。

灾害关联性科学研究平台，在地震和地质等灾害所监测的异常地声、地磁、流体波和天然地电位等信息出现后，需要通过卫星实时传输。时纬残差、次声波、温度和各类流体数据传输允许延迟的时间为分钟级。

所以，DCSS 卫星通信的时间覆盖要满足上述灾害监测的时效性需求，如图 2-1 所示。

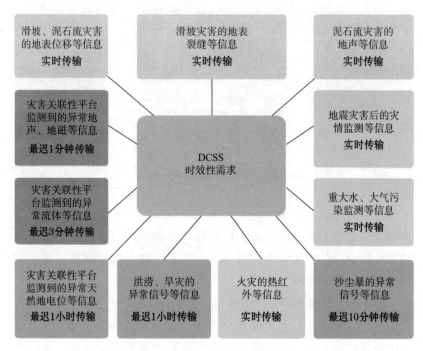

图 2-1　灾害监测的时效性需求

第 3 章　数据采集卫星星座与系统总论

3.1　通信需求回顾

3.1.1　综述

针对自然灾害的防灾救灾，我国灾害业务主管部门都按所辖灾种业务，在全国有关地区相应地建设了数十万个地面灾害监测预测仪表设备，组成了监测预测台站网。

历史的经验教训反复告诫我们，广泛获得的灾害征兆信息若能及时送到决策部门，可以大大减少灾害造成的人员伤亡和财产的巨大损失。灾害前后确保通信时刻畅通是十分重要的。

各灾种所监测预测的数据可以归纳为四类：1）平时的本底数据；2）灾前及临灾时出现的前兆紧急信息数据；3）灾后最紧急时间段即时的灾情基本数据；4）灾后次生灾害发生前出现的临灾前兆的各种信息数据等。

各灾种部门要求灾害前兆信号发生后的通信保障必须实现：1）不能没有通信；2）有通信时必须保障随时叫通，不能忙音阻塞；3）不能延迟久等呼叫，须立即传输出去；4）不能在需要通信时，通信链路发生毁坏中断。

为万无一失地保障将灾害前兆数据和灾后第一时间的灾情，以最快的速度向上级直至百姓通报，通信数据传输系统必须严上加严。正如第 1 章中所述，必须双保险、互为备份，地面通信是一条信道，卫星通信则是另一条信道。

在第 2 章中，着重讨论了《DCSS 卫星数据采集系统数据传输需求大纲》，包括灾害监测需求部门、监测方法名称、主要仪表设备的性能、采样范围、监测精度、量化精度（bit）、监测仪器通道数、监测仪器采样间隔、DCP 设备台数、异常信号出现到灾害发生的时间间隔、仪表设备部署地址等方面。

依据台站及其监测仪器的地址分布部署情况，对监测预测台站的终端 DCP 进行了归类分档，结合卫星数据传输能力，设计给出了 DCP 数据采集发送方式、传输时间间隔、DCP 设备台数、单台 DCP 单次数据包大小（bit）、单台 DCP 单次传输数据率（bps）、单台 DCP 日传输数据容量（B）、分类与统一规范、通信传输速率与容量的匹配等。

依据台站及其监测仪器对于数据传输的时效性/实时性/紧迫性需求归类分档，给出了日常数据传输容量的时空要求，临灾紧急时刻前兆数据传输速率与容量的时空要求。

3.1.2　具体的数据传输需求统计

3.1.2.1　数据传输率与传输量需求统计

按各灾害地面监测预测台站的合计总数为 1 万余台统计，不发生地震时 DCSS 数据传输率合计为 4.1 kbps；发生地震后 5 分钟时，如果又遇上众多泥石流和滑坡，合计 DCSS 数据传输率最大可能为 440 kbps。日合计传输净数据量为 145 MB。

根据各灾种预测，2015—2020 年地面监测预测台站数为 8 万台左右，日传输数据总量预计达到 4 GB。2020 年后预计达到 20 万台，日传输数据总量将达到 11 GB。

3.1.2.2　数据传输率需求统计

对各灾种单台监测仪器净数据量传输需求进行的分析表明，最大传输数据率为 4.1 kbps，以此作为设计 DCP 传输速率的最大能力。

3.1.2.3　数据传输时效性/实时性/紧迫性需求统计

由于灾种不同，灾害前兆的监测信息，有的是突然出现，很快消失；有的是连续演变；有的是前兆现象变化徐缓，有的是前兆起伏跌宕；有的是前兆出现后，灾害迅即来临；有的则还有一段时间，灾害才发生。其中特别是前兆出现后，灾害迅即发生的时间间隔值，决定了 DCSS 的时效性要求。

总之，在数据传输的快速性要求方面，有快的，也有稍缓一些的，但必须立足于具备瞬时送出的能力。

例如：泥石流和滑坡，一旦发现位移、裂缝等，泥石流或滑坡可能在几分钟或几小时内发生，因此必须作最坏的打算，在最短时间内——实时——将传感器前兆信息送出。又如：对于地震，发生磁喷后，几分钟到几小时内，有可能发生地震，必须快速将信息送出。地震发生后，现场灾相仪 10 秒后启动，必须每隔 5 分钟实时将当地灾情上报，以组织力量抢救生命。

DCSS 卫星通信的时间覆盖要满足上述灾害监测的实时性要求。

3.2 地面通信与卫星通信相辅相成

灾害地面监测预测台站，一定要尽可能建立光缆通信和移动无线通信等地面通信手段，这是保障灾害前兆信息传输畅通的重要一手。

因为地面通信手段带宽大，通信容量足够，许多可稍晚一些送出的大数据量的信息还是要依靠地面监测预测台站。卫星通信不能完全满足许多高数据率的数据传输需要，虽然不影响临灾之急需，但为了科学系统地总结经验与回顾灾害发生发展的过程，这些在地面监测预测台站上记录的海量的详细资料，既要求各地台站妥为保存归档，也要求各地台站每隔一段时间定期地上报灾害主管业务部门。突发灾害前后详细记录的宝贵资料数据，一旦地面通信手段恢复后（如果灾中遭受毁坏），也要通过地面通信手段，上报灾害业务主管部门（当然，也可采用邮寄方式递送）。

但是，地面通信存在以下问题：1）灾害发生在偏远地区，如农业试验田、污染环境扩散区、沙尘暴源区等，当地无通信设施，灾害监测信息的传输保障任务无法完成。2）灾害紧急前兆信号的出现，往往从获得前兆信号到灾害发生的时间间隔非常短暂，不可延误，若一旦地面通信发生线路堵塞或中断，而无法及时传输，将造成不可估量的巨大损失。3）灾害发生之前的前灾害，一旦破坏了地面通信设施——光缆和基站，将导致后续灾害监测预测信息的通信中断。如有的大地震前有小震，小震破坏了地面通信设施导致大地震监测预测信息无法传输；又如，大地震破坏了地面通信，使次生灾害监测预测信息的通信遭到中断。4）尽管采取卫星通信手段，但不是全制式卫星通信，需要利用在地面设置的中继转发手段，实现全程通信。这是一种变相的含有地面通信成分的通信，其与地面通信设施遭受灾害毁坏等效。

如果采用卫星通信方式，只要地面监测预测台站尚存，卫星就能确保将数据传输到灾害业务主管部门，完成通信任务。卫星通信可以避免地面通信的缺点。

因此，卫星通信手段和地面通信手段互相补充、相辅相成。

3.3　不是所有的卫星系统都能完成无时间缝隙的不间断通信

3.3.1　中低轨道卫星上增设转发通信功能的能力分析

设想在各种对地观测的中低轨道卫星上增设转发通信功能，完成对自然灾害地面监测预测台站的数据的转发。但由于对地观测卫星功能需求各异，有效载荷的能力各异，因而轨道高度、轨道倾角、轨道相位不一，显然无法完成无时间缝隙的不间断转发。仿真计算的结果是时间缝隙很大，有时几颗卫星同时出现于某地上空，而大多数情况下某地上空久久没有卫星出现。

例如，光学红外类观测卫星大都采取太阳同步轨道，每日定时到达当地上空，其他时间不经过，不能用搭载转发器完成无时间缝隙的通信。因此，即使卫星数量再多也无济于事。

对于对地观测卫星，其轨道高度通常在 600 km、780 km 等，经仿真计算，即使设想星座卫星的轨道高度都是 650 km，采取极地轨道，所有卫星轨道面升交点的经度完全做到等间距、同一轨道上的卫星处于等相位，组成 Walker 星座，以实现对地面站的无时间缝隙覆盖，结果所需卫星数量多达 96 颗，现实中这是不太可能的。

卫星轨道高度若升到 1 000 km 以上，则卫星数量虽可有所减少，但对地观测卫星一般不会工作在如此高的轨道上。

所以，中低轨道卫星的轨道高度不一，轨道倾角不一，相位不一，要求这类卫星组成的星座对各地的地面站实现无时间缝隙的通信是无法实现的。

3.3.2　地球同步轨道卫星通信功能的能力分析

灾害地面监测预测台站站点的地址，不能在任意地址设置，需要固定设置在灾害的敏感地点上，或者在敏感区域内移动测量。因此遇到周围复杂地形的阻挡（例如山越陡、沟壑越深，越易发生滑坡，而敏感地点就处于此），地面站与地球同步轨道卫星不能保持视线连接，无法建立正常的通信链路，完不成通信任务。

日本城市使用地球同步轨道卫星通信，因南山效应的阻挡只能实现 30％通信，而 70％不能通信。

如果采取在地面某处增设卫星和地面站间的中继转发，那么此中继转发等同于地面通信环节，其不可取的理由已在 3.2 节中予以说明。

3.4　南山效应

所谓南山效应就是指地球同步轨道卫星通信时受山体遮挡问题。在北半球则为南面的山体遮挡而无法通信。

同时，地面站所处纬度越高的地方，地面站与地球同步轨道卫星的视线仰角越低，越易遭山体遮挡。

（1）纬度与仰角

表 3 - 1 表示地面站与地球同步轨道卫星处于相同经度时，地面站与卫星通信所处的仰角。

表 3 - 1　各地纬度所对应的仰角（当地海拔为 0 计）

纬度/(°)	54	50	45	40	35	30	25	22	20	18
仰角/(°)	28.35	32.69	38.17	43.72	49.34	55.03	60.76	64.23	66.55	68.87

地面站纬度越高（如处于 54°），其在与地球同步轨道卫星通信时，前方遮挡物遮挡了 28.35°就肯定不能通信。如果计及保证通信质量的最低仰角，则前方遮挡物的高度再低一些都会阻碍通信。

（2）纬度仰角与山脉坡度/陡峭度

按照中低轨道卫星星座系统的设计，卫星覆盖我国北纬 18°～54°的陆地部分，对应的同步轨道卫星仰角为 68.9°～28.3°。山体遮挡问题如图 3 - 1 所示。

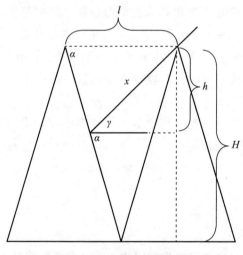

图 3 - 1　山体遮挡示意图

图中左侧为北山，右侧为南山，假设两山高度相同，均为 H。地面站位于两山谷地间，南山山坡上任何一处，因面北而无法与同步轨道卫星通信，北山山坡面南但不是任何一处均可保证通信，谷底处因受南山阻挡无法通信；北山山坡上的地面站自谷底而上，当垂直高度上升 $H-h$ 时，若它的仰角 γ 正好大于该纬度与同步轨道卫星通信的仰角，其视野才不会被南山所阻挡。

假设两山间谷地南北山坡上所有地址与地球同步轨道卫星通信受阻和不受阻的全概率为 1，其中南山坡上各处均不能与同步卫星通信，占全概率的一半，即 0.5；而北山坡上能与同步卫星通信的全概率也为一半，即 0.5；这 0.5 中，地处高度 $H-h$ 以上的地址仍可通信，$H-h$ 处以下的地址受阻挡而不能通信，则遮挡率 S 如下

$$S = 1 - \frac{\sin\gamma\cos\alpha}{\sin(\alpha+\gamma)}$$

式中，γ 为仰角；α 为山地斜剖面线的水平视线下的俯视角。

这是一个直观思路，给出了一个基本的概略算法，而具体复杂地形下的计算由此导出。

3.5　各灾种地面监测预测台站驻地南山效应分析

按照此算法，对各灾种提供的现有的和今后规划的地面监测预测台站的地址分布，按照其不同纬度、不同地形地貌，对各地的遮挡和不遮挡情况，分析概算遮挡率。

监测滑坡灾害和监测泥石流灾害的地面台站绝大多数地处云南、广西、湖南、湖北、重庆、四川、福建、浙江、江西、辽宁等地的山区。

针对同步轨道卫星仰角为 64°～43°（纬度为 22°～40°，从云南到北京）地区，山体坡度从 45°～80°地区（可能出现滑坡和泥石流的地区），计算出同步轨道卫星山体遮挡情况，其平均遮挡率为 57%。再进一步考虑山体走向（我国以东西走向的山脉居多）和监测实际布点区域较多位于环境恶劣地区的情况，则总体平均遮挡率为 45%，具体数据见表 3-2。

表 3 - 2　考虑山体走向时，监测台站的遮挡率分析

坡度/(°) ＼ 仰角/(°)	45	50	55	60	65	70	75	80
64					0.51	0.56	0.62	0.70
61					0.53	0.58	0.64	0.71
58				0.51	0.56	0.61	0.66	0.73
55				0.53	0.58	0.63	0.68	0.74
52			0.51	0.56	0.60	0.65	0.70	0.76
49			0.54	0.58	0.62	0.67	0.71	0.77
46		0.52	0.56	0.60	0.64	0.68	0.73	0.78
43	0.51	0.54	0.58	0.62	0.66	0.70	0.74	0.79

　　即同步轨道卫星有 45％存在遮挡问题，不能通信传输。

　　按照不同灾种监测预测台站设置的不同地址具体纬度和地形状况测算，如采用地球同步轨道卫星传输，则有 42％台站存在遮挡。同步轨道卫星遮挡率计算结果如图 3 - 2 所示。

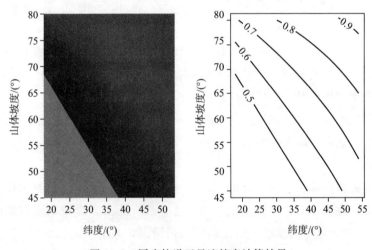

图 3 - 2　同步轨道卫星遮挡率计算结果

　　因此，需要建立中低轨道的数据采集卫星星座与系统（DCSS）。

3.6　数据采集卫星星座与系统的目标任务与组成

3.6.1　目标与任务

数据采集卫星星座与系统（DCSS）是一个为地震、地质灾害（滑坡、泥石流）、旱灾、高温热浪、低温冷冻、洪涝、台风、海啸、风雹、雷电、沙尘暴、风暴潮、水环境灾害、大气环境灾害、森林与草原火灾、植物森林病虫害等自然灾害的地面监测预测台站，通过卫星传输数据的公益性服务系统。

DCSS 传输的是各灾种地面监测预测台站采集的数据，包括：平时的本底数据、灾前及临灾时出现的前兆紧急信息数据、灾后最紧急时间段即时的灾情基本数据、灾后次生灾害发生前出现的临灾前兆的各种信息数据等。要求数据传输无时间滞后，必须即时、直接、可靠地经卫星传输给相关灾种的"灾害数据处理判断中心"，为分析判断和决策指挥提供原始数据。

各灾种的地面监测预测台站数量有数十万台，分布在全国各地。不论它们地处多么偏僻、地形如何复杂，不论有无地面通信网络，不论大灾前环境已遭受何种毁坏，DCSS 都要保证无时间缝隙地通信畅通，将数据立即传送到国家相关灾种的"灾害数据处理判断中心"。

要求 DCSS 的数据传输能力覆盖全国陆地部分的纬度，时间覆盖率为 100%（即无时间缝隙）。

DCSS 尚可兼而覆盖全球范围主要的灾害区，对国外自然灾害监测预测数据的传输提供空间共享的支持平台，以促进防灾减灾的国际交流与合作。

3.6.2　系统组成

数据采集卫星星座与系统（DCSS）由空间段、地面段和用户段三大部分组成。

用户段是在相关灾种灾害地面监测预测台站基础上加装各种相

应的终端（DCP）。其主要功能是采集各个台站在灾前、灾中、灾后所监测预测的数据，发送至微纳卫星。

空间段由微纳卫星星座、运载火箭及发射多星的上面级构成。空间段的主要功能是通过运载火箭及上面级发射卫星星座，星座建立后，卫星收集星下可直播通信区域内由地面数据采集台站的终端（DCP）发送的灾害数据，并将数据直接转发或处理转发至地面数据采集网关站。

地面段是数据采集地面网。其主要功能是接收卫星转发的 DCP 采集数据，为灾害业务主管部门（用户）分别提供综合服务。

3.7 数据采集卫星星座与系统的总体设计思想与技术路线

针对数据采集卫星星座与系统的目标与任务，首先要从总体上明确设计指导原则、设计思想与技术路线。

总体设计指导原则源于必须遵循的指标与规则。

总体设计思想源于工程上已经成熟和接近成熟的技术与工艺，源于预先研究的技术储备和临近完全突破的技术，源于曾经探索过的方案与构思，源于长期积累的研制经验。

总体设计技术路线源于对相关行业及其学科未来发展战略方向的整体发展需要，源于创新跨度与研制周期的风险权衡，源于系统工程总体层次分解中技术关键的演绎难度化解的转移技巧，源于复杂组织管理与协调的成熟条件和安排技巧，源于研制设计团队在总设计师和总指挥领导下突破关键、贯彻总设计师意图的意志和决心。

经总体设计研究，归纳成如下 25 条。

1）一切服从需求，满足需求。需求论证明确后，只有设计方案服从需求可言。

2）采取卫星星座。中低轨道卫星，单颗卫星不可能实现我国陆地部分的全时覆盖，只能采取卫星星座形式。卫星星座不能采取多种不同的轨道高度，因为不能实现空间上对地无缝隙的均匀覆盖。

3）坚持确保无缝隙覆盖。这是本工程最困难之处，但是灾害前兆信息中，有的是事到临危之前才出现，信息传输的时间已无任何延缓的余地，若因卫星星座系统有缝隙而使"事关人命"的数据发生贻误，是绝对不能允许的。

4）无缝隙覆盖仅限于所需监测预报地区。为了尽量减少卫星星座的卫星数量，无缝隙覆盖只限于覆盖监测预测台站所在纬度区间地域。针对我国的具体情况，只需考虑无时间缝隙地覆盖三亚到最北端之间的纬度范围；三亚以南地区在时间上只能存在短期缝隙。据此确定星座中卫星的轨道倾角。

5）卫星星座卫星必须自主运行。数据采集卫星星座与系统是一个工程化的系统，也是一项大系统工程，星座中几十颗卫星的入轨以及长年累月在轨的频繁轨控与姿控所需的测量控制指挥调度业务，如果都依托于国家现有的地面测控系统，这势必给后者带来相当大的工作压力，会影响其完成其他大型卫星及航天器的指挥控制任务；况且，中国也应当为引领大量微小卫星星座时代而超前做好技术储备。因此，要下决心走卫星星座自主运行管理、不依靠地面系统之路，自主确定星座状态和维持星座构型，完成在轨飞行任务所要求的功能与操作。首先解决成员卫星的自主管理，其次解决星座系统的自主运行管理。

6）卫星星座成员卫星的自主运行，必须实现卫星在轨自主测轨测姿，并保持星座中卫星间的队形整齐一致，以保证对地数据传输的无缝隙覆盖。鉴于卫星入轨不可能达到理想位置和运动速度，每颗卫星也有微细的重量、重心与外形差别，在太阳风、重力场、空气阻力等摄动作用下，会逐渐破坏所保持的队形，从而影响到无缝隙覆盖指标，因此要求卫星定期测量并自主"向前后左右看齐"。为此，a）运载火箭的入轨精度要严格受控，特别是卫星入射角即轨道倾角误差要小；b）上面级一次又一次地投放卫星，使卫星达到理想轨道参数的偏差值，也要严格控制；c）然后才是卫星自主控制，即测轨测姿达到定轨定姿。

7) 所选用的运载火箭、上面级及卫星，都必须是单一研产厂家的产品，以最大限度地减少产品制造上的工艺公差的离散性（数学期望值与方差的离散性）。

8) 走中国微小微纳卫星星座自主发展的道路。国际上迄今为止（包括中国在内）所发射的全部微小微纳卫星总共数百颗，其中最长寿命为两年，绝大多数寿命只有几个月。因为其研发的出发点是证明某种器件的性能（功能）、某种分系统新概念在空间实际状态下的科学合理性，并不是为某一工程应用目的而提供长期服务。这条路中国也可以走，但中国发展微小微纳卫星一开始就要立足于直接面向工程实际应用的总目标而一步一个脚印地走出自己的发展之路，并引领中国微小微纳卫星的子系统、组部件、元器件、功能材料、结构材料的发展，以期迎头赶上或超过国际整星系统水平。

9) 极高的可靠性要求。DCSS 卫星数量众多（有 N 颗），在空间不能发生致命的失误，因此，为保证卫星星座的可靠性，几十颗卫星中的每颗星的可靠性比普通单颗卫星的可靠性（含长寿命的耐久力）要求要高得多。理论上 N 颗卫星星座如果同普通单颗卫星可靠性相同的话，卫星星座中的单颗卫星的可靠性是普通单颗卫星可靠性的 N 次方倍！

10) 星上所有的组部件、元器件、功能材料和结构材料的可靠性，都必须达到原先单颗卫星组部件、元器件、功能材料和结构材料可靠性的 N 次方倍。因此，这也是不可退让的硬指标。

11) 长寿命、抗辐照的要求也同样必须努力实现。但这不是 N 次方倍，而是特别要真正做到把长寿命性能设计进去。要防止曲解加速老化试验，必须真正用长时间的试验进行验证证明。

12) 卫星供电、信息处理、热量控制等均统一纳入整星集成一体化、综合电子的微系统化，构成新颖卫星体系。

13) 卫星的测轨测姿要有多重保险，用接力渐进方式达到精度要求。即从粗精度引入中精度、再引入高精度的递次提升精度思想。

这套测轨测姿系统要具有很强的前瞻性，从而不仅适用于微纳卫星、微小卫星，也适用于小卫星、中卫星、大卫星、载人航天、登月、深空探测器。这是一种基本型设计，允许经小改进后适用于上述各类空间飞行器，包括大机动过载的飞行器。

14）卫星轨道的自主测轨设计。要充分利用数据传输双向链路的功能来实现。

15）数据传输链路的设计要规范化。尽可能适应各灾种用户之需要，且具有拓展其他类型用户需求的潜力。

16）数据传输链路要具有正常采样发送及紧急呼叫优先采样发送的设计。

17）要具有监测 DCP 工作健康状况的设计。兼有对各灾种灾害监测预测台站健康状况数据转达的询问和回复的双向设计。

18）择优选定卫星轨道高度。为减少卫星星座的卫星数量，要求轨道高度越高越好，从而视野越大，以减少星座的卫星数量；但由此，天地间通信距离增大，卫星发射功率增大，卫星电源增大增重，卫星热控开销也增大，卫星重量就增大。因此要权衡利弊，作出最佳选择。同时，卫星轨道越高，空间环境辐照强度增加，增加了对星上组部件、元器件等的抗辐照性能要求，这些也需权衡。还必须考虑中国组部件现有的水平与发展战略，宜通过更强的抗辐照能力来牵引。此外，也需和研制周期相匹配，进行权衡。

19）卫星星座中单颗卫星万一失败，要求在轨卫星迅速移动相位位置，以"补天之缝"；因此，要求卫星星座与系统联合完成自主发现问题、自主补位。

20）为实现卫星星座中卫星的自动移位"补天"，卫星数量的设计要有裕量。

21）为保证空间星座卫星自己"补天"的万无一失，需研制应急火箭，进行补网发射。

22）应急火箭必须真正"应急"。因此要求火箭所处状态是随时随地即可从地面快速发射，并使卫星精确入轨"补天"。所以，应急火箭不能在指定的大型发射场发射，不能层层再进行各种发射前技术场地测试、发射场地测试、临发射前测试等费时费工的那些步骤程序，应当一切精简。指令一下，立即出动、离地、入轨。在空中，也不应再依靠地面众多的测控站测控导引。因此应急火箭应当高比冲、小体积，具有多次点火起动且推力大小可控的能力，以保证精确入轨。这需要新一代自主控制、快速入轨的新颖运载火箭。

23）卫星数据地面网关站布点设置的设计以及各站中天线数量的设计、控制天线跟踪卫星的设计、地面站天线调度与天线跟踪返回时间控制方案的设计，都要尽量以减少卫星数量为目标优化设计，采取多目标演化算法进行优化。

24）通过地面网关站与卫星星座的日常业务沟通，要随时掌握卫星星座定轨性能的漂移，经地面运管与数据处理站综合分析后，由各网关站向星座卫星发出辅助修正指令。由此，地面站完成对卫星运行测轨的辅助管理。这也要采取多目标演化算法优化。

25）地面站业务管理的设计。鉴于自然灾害监测预测台站数量多达数十万，各种灾情的出现有很大的随机性，平时的数据采集业务也很繁忙。因此，地面站系统不仅要管理好自身的工作，还要设计出可保证整个 DCSS 高质量可靠运行的管理体制和管理条例，也要为各灾种设计出优质服务软件产品和硬件接口。

3.8　数据采集卫星星座与系统的总体方案基本构思

为满足各灾种部门的地面监测预测台站的数据传输要求，数据采集卫星星座与系统（DCSS）需要面向各灾种 20 余万个地面数据监测预测台站，在它们上面附加地面数据采集终端（DCP），将所采集的数据发送至卫星；采用 4 枚运载火箭及其上面级，一次发射 10～12 颗、四次发射 40～48 颗星组网构成星座，接收 DCP 发来的数据，然后转发回地面数据采集网关站和运管与数据处理站，地面站收到数据后通过地面光缆将数据分发到各灾害相关业务主管部门。

　　DCSS 的基本方案构思由空间段、地面段和用户段三大部分组成，如图 3-3 所示。

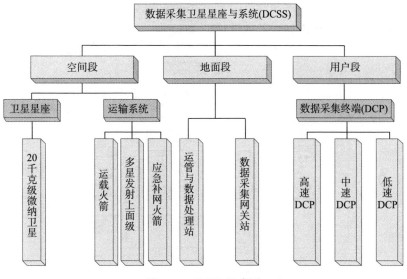

图 3-3　DCSS 组成图

　　空间段由微纳卫星星座、运载火箭和发射多星的上面级，以及应急发射补网卫星的运载火箭构成。空间段的主要功能是进行星座卫星的发射及多星快速部署，星座建立后收集星下可直播通信区域内由地面数据采集台站的终端（DCP）发送的灾害数据，并将数据直接转发或处理转发至地面数据采集网关站。卫星星座由运载火箭及上面级发射。单颗卫星失效后，由星座中的其他卫星移动相位补网，或由应急火箭发射卫星补网。

　　地面段由"数据采集网关站"和"运管与数据处理站"组成地面网。网关站的主要功能是接收卫星转发的 DCP 采集数据，并监控卫星运行；"运管与数据处理站"的主要功能是统一管理 DCP 和卫星，调度卫星资源，处理、存档、分发采集的数据，为灾害业务主管部门（用户）提供综合服务。

　　用户段由相关灾种灾害地面监测预测台站上加装的 DCP 组成。

作为 DCSS 组成部分的 DCP 的主要功能是采集监测预测台站在灾前、灾中、灾后的监测预测数据，发送至微纳卫星。

要求数据采集卫星星座与系统的数据传输能力覆盖全国位于海南省三亚以北的地区，时间覆盖率为 100%（即无时间缝隙）。

数据采集卫星星座与系统的结构关系如图 3 - 4 所示，数据采集卫星星座与系统设施如图 3 - 5 所示。

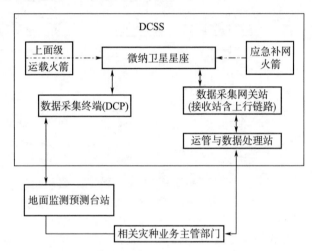

图 3 - 4　数据采集卫星星座与系统的结构关系图

卫星入轨后自主控制轨道与姿态，保证在星座中的相位与队形。星座中卫星如发生失效，由星座中的卫星自主调整相位，保证对地无时间缝隙覆盖，继续完成数据传输。另一手是采取应急火箭发射补网卫星。星座卫星的在轨保持，主要由卫星自主测轨定轨，同时由卫星与网关站的数据传输链路中提取出辅助测轨数据，经地面运管与数据处理站，综合判断决策，由网关站反馈至星上，由卫星自主完成控制。

同时，通过上述链路的反向链路，实现对各地面数据采集网关站的天线和其他工作的指挥调度，实现对天上卫星工作的指挥调度，实现对地面数据监测预测采集台站及其地面数据采集终端（DCP）采集与发送数据和其他有关工作的指挥调度。

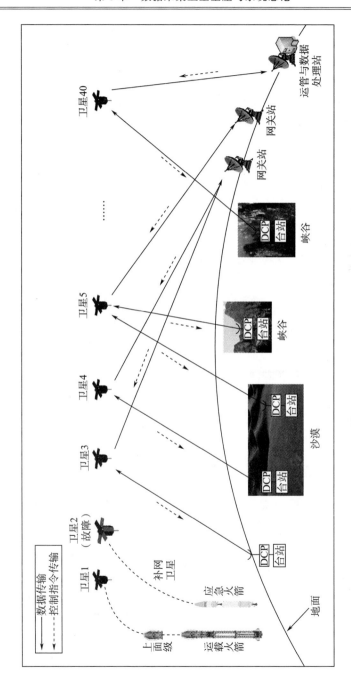

图 3 – 5 数据采集卫星星座与系统设施示意图

各灾种业务主管部门的地面监测预测台站的工作健康状况数据、DCP 的工作健康状况、卫星的工作健康状况、地面数据采集网关站和运管与数据处理站的工作健康状况，都由运管与数据处理站向上述各项设备，以反向的链路发出检查指令，上述的各类设备——又经链路正向汇报自己的工况，运管与数据处理站接收后研究处理，实施调度并归档。

由此实现对我国陆地与海洋地区无时间缝隙全覆盖的灾害监测数据采集。

这套由卫星星座、地面数据监测预测采集台站的地面数据采集终端、地面数据采集网关站及运管与数据处理站组成的"地-天-地"系统，即为数据采集卫星星座与系统（DCSS）。

3.9　总体任务分解分析与指标体系

在数据采集卫星星座与系统上述总体方案要求下，进一步分解为五个部分，对指标体系主要参数的分配作以下分析：数据通信能力的分析、卫星星座的设计分析、多星发射上面级和运载火箭能力分析、数据采集网关站和运管与数据处理站的能力分析，以及地面灾害监测预测台站的能力分析。

3.9.1　数据通信能力的分析

由于灾种不同，灾情出现前兆的数据信息，有的是突然出现，很快消失；有的是连续演变；有的是前兆现象变化徐缓，有的是前兆起伏跌宕；有的是前兆出现后，灾害迅即来临；有的则还有一段时间，灾害才来临；因此，对数据传输的快速反应要求不同，数据码速率不同，数据容量不同。为确保灾害信息传输有效，减少不必要的冗余信息，结合灾害特点，对监测预测数据展开以下分析：1) 分析各灾害前兆信息的发生、发展模式，确定各灾害前兆信息持续的时间分布；2) 分析各灾害前兆的异常特征，找出能表示各灾害前兆的最简特征信息量；3）根据各灾害特征信息量的时间序列特征，开发与之相应的信息压缩算法和数据编码方法，以减少数据传输量。

同时，根据前述需求，在统计设备台数、台站分布、通道数的基础上，对所需传输的数据类型进行如下分类：

1）可判别特征的最少量化电平数；

2）可接受的最低监测采样速率；

3）连续监测采样的最小持续时间间隔；

4）两次监测采样间允许的最长间隔时间；

5）监测采样后卫星转发的信息允许滞后的最长时间间隔；

6）前兆信号出现到灾害发生的时间间隔。

经分析，相关灾种灾害数据监测预测台站由近百种不同功能的测量仪器组成，综合其数据传输需求，形成 DCP 统一的数据传输格式，其数据率分为 400 bps、1.2 kbps 和 4.8 kbps 三档。

预计数据采集卫星星座与系统中，20 余万个地面数据采集终端日均产生传输净数据量至少 11 GB，能满足未来 15 年以上的灾害数据采集终端的数据通信需求。

3.9.2　卫星星座的设计分析

按卫星轨道选择、卫星星座构型和星座的维护，分别作需求分析。

3.9.2.1　卫星轨道选择

微纳卫星适合工作在 LEO 轨道。LEO 轨道高度通常在 500～1 200 km，轨道周期为 90～120 分钟，其优点在于：卫星和用户设备相对简单，成本较低，由于高度低，无线电发射功率可以降低。

考虑到卫星数量的限制和覆盖率的要求，选取 1 100 km 高度的 LEO 轨道。

3.9.2.2　卫星星座的构型

假设地面终端与卫星实现通信的最小仰角为 10°，通过对星座覆盖性能的分析，可以保证对海南南端（北纬 18°）至黑龙江北端（北纬 54°）之间我国陆地与海洋部分的完整覆盖，即时间覆盖率为 100%，实现通信无中断。

经分析对比几种卫星星座构型，通过优化计算，建议选择沃克（Walker）星座，其参考码为 40/4/3，即星座包含 40 颗卫星，分布于 4 个轨道平面，轨道升交点沿地球赤道圈均布，每个轨道面部署 10 颗卫星，相邻两个轨道面之间的相位因子为 3（如果每个轨道面部署 12 颗卫星，则星座包含 48 颗卫星），具体星座参数见表 3-3，星座构型如图 3-6、图 3-7 所示。

表 3-3　星座参数

卫星数量	40
轨道平面数量	4
单个轨道平面卫星数量	10
相位因子	3
轨道高度	1 100 km
轨道类型	圆轨道
轨道倾角	45°

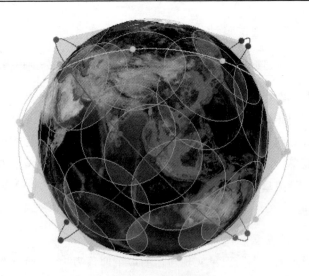

图 3-6　星座构型

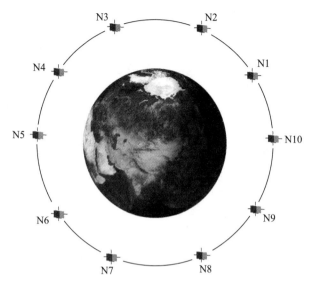

图 3 - 7 每个轨道平面内卫星分布示意图

该星座能够覆盖全球 $-69°\sim69°$ 纬度范围之间的区域，如图 3 - 8、图 3 - 9 所示。表 3 - 4 给出了在北半球的时间响应性能。我国三沙市辖区的南部海域尚未能实现无缝隙覆盖，有短时间的通信中断。

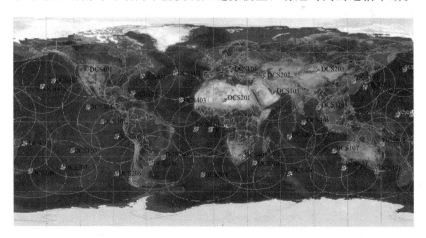

图 3 - 8 星座地面覆盖图

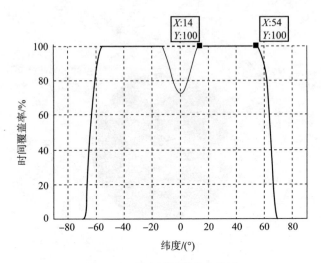

图 3 - 9　星座时间覆盖率曲线

表 3 - 4　在北半球的通信响应性能（南半球对称）

纬度范围	时间覆盖率	最大通信中断时间
18°～54°（三亚至东北）	100%	0 分钟
0°～18°（三亚以南）	72%～100%	98～0 分钟
54°～60°（中国国土以外）	100%～86%	0～6 分钟

星座部署时采用一箭多星发射方式，一次性部署，如图 3 - 10、图 3 - 11 所示。

3.9.2.3　星座的维护

当卫星发生故障失效后，采用两种方式保证星座的正常运行：一种是应急补网技术，另一种是星座重构策略。

（1）应急补网

应急补网火箭采用小型运载火箭，一箭一星，快速发射，直接将微纳卫星送入 1 100 km 目标轨道，完成 DCSS 的快速补网，快速发射时间短至 24 小时。

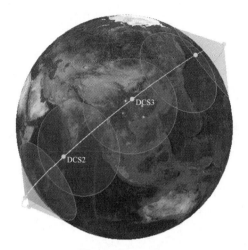

图 3 - 10　DCSS 一条轨道上星座构型

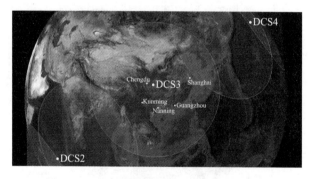

图 3 - 11　DCSS 一条轨道上星座地面覆盖图

卫星和火箭平时分别储存在中心库中，接到补网命令后，进行星箭快速对接和快速测试，在发射场地快速起竖并点火发射。

（2）星座重构策略

①重构策略方案

每个轨道面 10 颗星均匀分布，布轨方式如图 3 - 7 所示。若 10 颗星均在轨工作，当某颗星发生故障时，采用其他 9 颗卫星均调相位的方法，实现 9 星均匀分布，如图 3 - 12、图 3 - 13 所示。

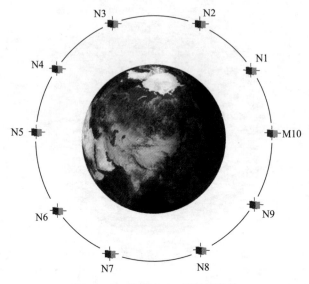

图 3 - 12　轨道上 10 号卫星失效

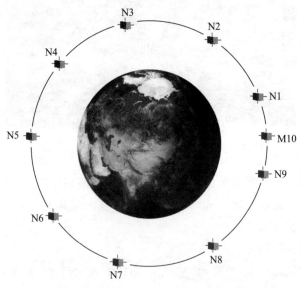

图 3 - 13　M10 失效后的 9 颗星均匀分布示意图

M10 卫星失效后，其他 9 颗卫星需要调整的相位大小见表3-5。

表 3-5　相位角调整量

卫星	相位角调整量/(°)
N1	−16
N2	−12
N3	−8
N4	−4
N5	0
N6	4
M7	8
N8	12
N9	16

可见，实际上有 8 颗卫星需要调整相位，最大调整量为 16°。

②推进剂估算

采用以上重构策略，最坏条件下相位需要调整 16°，以此对卫星进行推进剂估算。

假设卫星质量为 20 kg，比冲为 80 s，表 3-6 给出了相位机动调整 16°，不同时间约束下所需的推进剂。还可以用其他方案提高机动性。

表 3-6　推进剂估算

	机动时间/小时	推进剂/kg
1	24	0.45
2	48	0.21
3	72	0.14

3.9.3　星地链路设计分析

3.9.3.1　链路组成

星地链路由 DCP 链路和网关链路两部分组成，如图 3-14 所示。

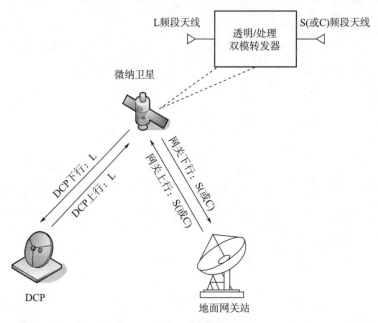

图 3-14　星地链路组成

DCP 链路：上行向卫星发射 DCP 采集数据；下行接收经卫星透明转发的地面网关站系统网管信息，接受地面网关站的资源调度。

网关链路：上行向卫星发射监控信号和系统网管信息；下行接收经卫星透明/处理转发的 DCP 采集数据。

3.9.3.2　链路工作频段

（1）用户链路

上行：L 频段，带宽不小于 6.4 MHz；下行：L 频段，带宽不小于 1.5 MHz。

（2）网关链路

上行：S 或 C 频段；下行：S 或 C 频段。

3.9.3.3　工作模式

同时具有透明转发和处理转发两种工作模式。

透明转发模式，工作在卫星对地面网关站可视范围内，将 DCP 上行的采集数据信号透明转发至地面网关站，同时将地面网关站上行的系统广播透明转发至 DCP。

处理转发模式，工作在卫星对地面网关站不可视范围时，实时接收处理 DCP 上行的采集数据信号，并进行存储，待卫星对地面网关站可视时，再以较高码速率转发至地面网关站。

3.9.3.4　接入体制

透明转发模式和处理转发模式，可采取不同技术体制。

3.9.3.5　信号形式

（1）用户上行信号

技术体制、调制体制、编码方式：需协商确定。

信息传输速率：400 bps、1.2 kbps、4.8 kbps 三档。

（2）用户下行信号

信息传输速率：1.2 kbps。

调制体制、编码方式：需协商确定。

（3）网关站上行信号

信息传输速率：1.2 kbps。

调制体制、编码方式：需协商确定。

（4）网关站下行信号

透明转发的信息传输速率：400 bps、1.2 kbps、4.8 kbps 三档。

处理转发的信息传输速率：1.5 Mbps。

透明转发和处理转发的技术体制、调制体制编码方式：需协商确定。

3.9.3.6　卫星接收与发射参数

1）卫星接收系统品质因数 G/T，包括用户链路的 G/T 和网关链路 G/T。

2）卫星等效全向辐射功率 EIRP，包括用户链路的、透明转发的和处理转发的。

3）天线波束角：≥±60°。

3.9.3.7　DCP 接收与发射参数

DCP 信息传输发射速率分为 400 bps、1.2 kbps、4.8 kbps 三档，发射功率分别为 2 W、5 W 和 10 W，低速及中速 DCP 天线为全向天线，高速 DCP 天线波束角为±80°。为了提高 DCP 的功率利用率，采用高效编译码降低解调门限。DCP 信息传输接收速率：1.2 kbps。

3.9.3.8　地面网关站接收与发射参数

地面网关站接收与发射抛物面天线口径：7.3 m；最低接收仰角为 10°；工作频段：S 或 C 频段；地面网关站信息传输接收速率：1.2 Mbps；地面网关站信息传输发射速率：1.2 kbps。

3.9.3.9　链路预算

计入接收数据误码率不小于 1×10^{-5}，以及链路余量；计入上行频率、广播链路下行频率、数传链路下行频率、透明转发链路下行频率；微纳卫星接收系统的品质因数 G/T、广播链路等效全向辐射功率 EIRP、数传链路等效全向辐射功率 EIRP 和透明转发链路等效全向辐射功率 EIRP；数据采集网关站参数的接收品质因数 G/T 值和等效全向辐射功率 EIRP；不同 DCP 的接收品质因数 G/T 值和等效全向辐射功率 EIRP。由此即可计算出卫星轨道高度为 1 100 km 时的微纳卫星透明转发上行链路的等效信息速率，微纳卫星的处理转发上行链路的等效信息速率，以及微纳卫星处理转发下行传输速率。

3.9.4　多星发射上面级和运载火箭能力分析

为完成 DCSS（1 100 km 轨道高度）的一箭十星均布组网部署任务，采用我国运载火箭将多星发射上面级（载有 10～12 颗微纳卫星）发射至停泊轨道，运载能力可以满足要求。多星发射上面级通过 20～24 次自主变轨，48 小时左右完成 10～12 颗卫星的快速均布组网部署。

3.9.5　数据采集网关站和运管与数据处理站的能力分析

地面数据通信网关站根据卫星轨道倾角和卫星出入境状况、天线跟踪与返回、信息交接等，选定站址和天线数量，保证覆盖全国。

经分析计算，地面运管与数据处理站建在华北，地面数据通信网关站设在华北站、西南站、西北站、海南站，可保证我国北纬 18°至北纬 54°之间的陆地与海洋实现时间无缝隙覆盖的数据接收。

地面数据通信网关站要为用户提供信息处理和管理功能，包括：接收卫星下传的数据；以多种方式接收运行控制系统调度命令、业务运行时间表、轨道根数的能力；遥控上行管理功能，实现遥控指令的上行注入；数据临时存储和管理等。

运管与数据处理站统一管理 DCP，调度卫星资源，处理、存档、分发采集的数据，为用户提供综合服务。

3.9.6　地面灾害监测预测台站与终端的分析

各灾种地面灾害监测预测台站有几十类，包括测量手段上百种，共计 20 余万个。根据台站所需传输数据的特点、数据率、时间紧迫性等指标，已在需求中给出。这些终端的指标统一划分为三档传输速率。DCSS 与各相关灾种上万个台站所衔接的终端设计，需要根据不同台站的许多不同仪表一一对应协调接口的技术参数。为此，需要提炼出一套台站与其终端 DCP/DCSS 接口高效协调的实际操作方法，以及一套普遍适用的 DCSS 对灾害数据监测预测台站的应急响应/调度指挥方法。具体内容将在后面章节中详细阐述。

3.10　数据采集卫星星座与系统的总体方案指标

数据采集卫星星座与系统主要技术指标见表 3 - 7～表 3 - 9。

表 3 - 7　DCSS 星座性能指标

星座性能指标	
覆盖纬度范围	18°N～54°N
时间覆盖率	100%
轨道面数	4
每轨部署卫星数量	10～12 颗
相位保持精度	±0.005°
上行通信能力	透明转发能力:576 kbps 处理转发能力:64 kbps
星座重构能力	12 小时内完成

表 3 - 8　运载火箭上面级精度指标

半长轴	±100 m
轨道偏心率	0.002
轨道倾角	±0.005°
相位差	±0.05°
姿态角	±2°
姿态角速度	2.5(°)/s

表 3 - 9　卫星综合性能指标

微纳卫星综合性能指标	
质量	20 kg
整星包络	φ 600 mm
寿命	7 年
轨道类型	圆轨道

续表

微纳卫星综合性能指标	
轨道高度	1 100 km
轨道倾角	45°
半长轴控制精度	±100 m
轨道机动能力	≥20 m/s
姿控方式	对地定向
姿态指向精度	0.05°
通信载荷性能指标	
工作频段	L(DCP)、S 或 C(网关站)
发射功率	2W
转发方式	透明＋处理
DCP 上行码速率	400 bps、1.2 kbps、4.8 kbps
卫星至数据采集网关站下行码速率	≥1.5 Mbps
卫星至 DCP 下行码速率	1.2 kbps
用户系统	
数据采集网关站数量	3～4 个网关站,1 个运管与数据处理站
数据采集网关站接收码速率	≥1.5 Mbps
DCP 地面仰角	10°
DCP 发射功率	2 W、5 W、10 W
DCP 优先级	可调
DCP 发送码速率	400 bps、1.2 kbps、4.8 kbps
DCP 接收码速率	1.2 kbps

　　空间段由运载火箭、多星发射上面级、低轨数据传输微纳卫星星座以及应急火箭构成。四箭 40～48 颗微纳卫星,均分在四个轨道面,每个轨道面分布 10～12 颗卫星。当卫星星座中个别卫星失效时,由小型运载火箭发射卫星补网。

　　地面段主要由 3～4 个数据采集网关站和 1 个运管与数据处理站组成。华北、西北、西南、海南共计部署 8～10 副天线,分别为 3

副、3 副、2 副和 2 副天线。

　　用户段由相关灾种灾害 20 余万个地面监测预测台站的 DCP 组成。上百类不同功能测量仪器的台站，通过与 DCP 连接，向卫星发送数据。

　　综上，DCSS 组成项目计有：4 枚运载火箭，4 枚多星发射上面级，1 枚小型应急火箭，40～48 颗微纳卫星及备用星，3～4 个网关站（8～10 副天线）和 1 个运管与数据处理站，覆盖全国的灾害监测预测台站及其 3 类终端（DCP），见表 3 - 10。

表 3 - 10　DCSS 的组成

运载火箭	4 枚
多星发射上面级	4 枚
小型应急火箭	1 枚
微纳卫星	40～48 颗及备用星
网关站	3～4 个（8～10 副天线）
运管与数据处理站	1 个
相关灾种灾害监测预测台站的终端（DCP）	3 类（20 余万个台站）

3.11　国外同类卫星简介

3.11.1　Orbcomm 系统

　　Orbcomm 系统是由美国和加拿大的两家公司联合研制的低轨道双向短数据卫星通信系统，它由空间段、地面段和用户终端三个部分组成，通过网络控制中心实现对系统的管理，如图 3 - 15 所示。

　　Orbcomm 系统是微小卫星星座，共计 47 颗卫星，部署在 7 个轨道平面运行，如图 3 - 16 所示。A、B、C、D 星轨道高度 825 km，F、G 星轨道高度 750 km，卫星质量 43 kg，目前在轨卫星 42 颗，其中 29 颗在轨正常工作。

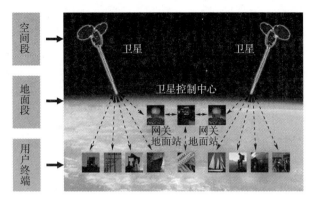

图 3 – 15　Orbcomm 系统组成框图

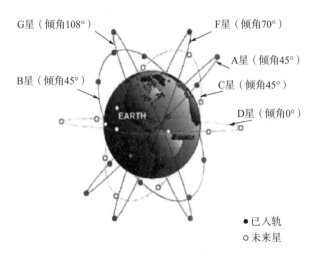

图 3 – 16　Orbcomm 系统卫星星座构型图

　　Orbcomm 系统地面段包括网关地面站和卫星控制中心。网关地面站一方面为卫星星座与数据采集网关站之间提供射频链路，另一方面为特定服务区提供信息处理和用户管理功能。目前，Orbcomm 公司已经建立了 14 个全球分布的地面站，用于连接网关控制中心，进而实现较大区域的覆盖。卫星控制中心负责对卫星发送控制指令，并收集和分析卫星的遥测信息。

全球用户使用 VHF 波段终端设备，全球用户终端共计 55 万个。该设备采用长寿命电池供电，发射机功率为 5 W。

用户终端和卫星之间上行链路码速率 2.4 kbps，下行链路 4.8 kbps；用户终端和数据采集网关站之间上、下行信道为 57.6 kbps 的 TDMA 通信体制。上行通道发射采用动态信道分配技术。

Orbcomm 系统可在全球范围内实现双向、实时/非实时的低速数据通信功能，提供包括数据报告、信息报文、全球数据报文和指令四类基本短数据通信业务。该系统的日前业务包括：交通工具的跟踪定位，水利、电力、油田、天然气等行业的仪表自动监测，以及收发电子邮件、股票金融等信息传递业务。

Orbcomm 系统的星座后来又有所改进，图 3 - 17 是 2019 年的星座构型图。

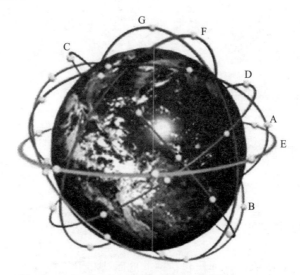

图 3 - 17　Orbcomm 系统卫星星座构型图（2019 年）

卫星 1～2，轨道 F，轨道高度 728 km×747 km，轨道倾角 70°；卫星 3～4，轨道 G，轨道高度 781 km×847 km，轨道倾角 108°；卫星 5～12，轨道 A，轨道高度 813 km×822 km，轨道倾角 45°；卫星 13～20，轨道 B，轨道高度 812 km×825 km，轨道倾角 45°；卫星 21～28，轨道 C，轨道高度 813 km×823 km，轨道倾角 45°；卫星 29～36，轨道 D，轨道高度 812 km×825 km，轨道倾角 45°

3.11.2　Aprize 系统

Aprize 系统由美国 Aprize 公司运营，主要应用于集装箱、油罐、化学品等现场实时跟踪和监测，以及车辆的行驶路线跟踪等。系统由空间段、地面段和用户终端三个部分组成，如图 3-18 所示。

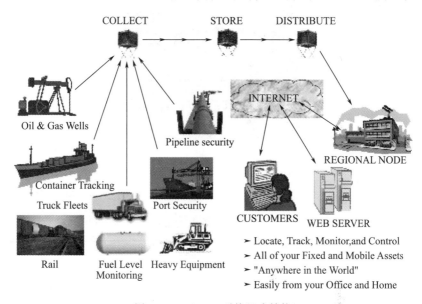

图 3-18　Aprize 系统组成结构

Aprize 系统空间段采用低轨的微纳卫星星座。卫星质量约 12 kg，外形为 20 cm×20 cm×20 cm 的立方体（不包括天线部分），卫星外形结构如图 3-19 所示。

Aprize 系统地面段由三部分组成：1）网络运行中心，负责控制全球卫星网络；2）区域卫星节点，负责将控制命令发送到卫星，并从卫星接收用户数据；3）数据中心，负责收集、整理、存储和分发用户数据。

Aprize 系统用户终端采用小型电子通信设备，其功能主要是向卫星发送数据，并从卫星接收广播数据。

图 3 - 19　Aprize 卫星

目前 Aprize 系统已成功发射 6 颗卫星并进入预定轨道工作，预计再发射 42 颗卫星进一步增加数据传输能力，提高系统冗余以及实现全球覆盖。Aprize 系统将有 50 个地面站和 2 万用户终端。

第4章 地面灾害监测预测台站的终端（DCP）

4.1 数据采集终端功能分析

根据已获得的各部门、各仪器设备的数据传输需求计算单次和每日数据总量，为微纳卫星星座系统的设计，特别是数据采集终端的设计提供传输数据量基础；同时，卫星星座系统包括数据采集终端，也会从系统全局对地面监测预测台站提出反约束建议，求得协调一致。

4.1.1 需求分析总体思路

需求分析总体思路是：

1）分析前兆信息的发生、发展模式，确定前兆信息持续的时间分布。

2）分析各种前兆的异常特征，找出能表示前兆的最简特征信息量。

3）根据特征信息量的时间空间序列特征，研究适当的压缩算法、数据编码方法，研究先验信息约定集的确定方法，以进一步减少数据传输量，最大限度削减不必要的已知信息传输，再充分发挥卫星有效载荷的潜在能力，从而达到满足更多灾害监测预测台站数据传输量与传输速率的需求。

根据上述总体思路，针对各灾种对灾害监测预测台站数据传输需求，结合终端性能特点，分别分析计算各灾种地面灾害监测预测台站的终端的性能和具体参数最能满足需求的设计方法。反之，根据各灾种地面灾害监测预测台站的数据，分析研究更能提高终端与卫星星座的传输可能性与传输效率的处理与设计方法。

4.1.2　灾害关联性科学研究平台数据采集功能分析计算

按照监测台站的分布，将监测台站分为综合观测站、观测站和群测点三级体系，其中综合观测站5个，观测站52个，群测点1 500个。综合观测站，监测时纬残差、次声波、HRT波、地磁、地声、深井流体及动物异常等信息；观测站，监测地声、地磁、天然地电位、浅井流体等信息；群测点，监测天然地电位、地声、地磁、浅井流体和磁喷等信息。

4.1.2.1　综合观测站数据传输的数据率

（1）综合观测站时纬残差的天文监测信息

该仪器监测地下物质运动引起的铅垂线偏差，每次监测结果包括四个物理量。

仪器所处的经度：$73°33'E \sim 135°05'E$，$\log_2 \dfrac{135-73}{0.000\ 1} = 20$ bit。

仪器所处的纬度：$18°N \sim 54°N$，$\log_2 \dfrac{54-18}{0.000\ 1} = 19$ bit.

垂线偏差的东西分量：按$\pm 100''$估算，精度$0.02''$，$\log_2 \dfrac{200}{0.02} = 14$ bit。

垂线偏差的南北分量：按$\pm 100''$估算，精度$0.02''$，$\log_2 \dfrac{200}{0.02} = 14$ bit。

每天监测一次，则单台仪器单次需传输的数据量为67 bit，数据传输的平均数据率为67/86 400＝0.000 8 bps。

由于该观测站的布设位置要求，不能与综合观测站的其他设备布置在同一位置，需要单独布设。

此仪器共10台，日平均数据传输量合计为0.000 8×10×86 400÷8＝0.000 086 4 MB。

（2）综合观测站时纬残差的绝对重力监测信息

该仪器监测绝对重力值，监测信息输出结果范围为（9.78～

9.9）$\times 10^8$ μGal，精度为 1 μGal，监测次数的频率为 1 Hz（1 秒测
1 次），则单台仪器单次需传输的数据量为 $\log_2(12 \times 10^6) = 24$ bit，
数据传输的平均数据率为 24 bps。

该仪器可以和综合观测站布设在同一位置，兼作时纬残差的相对
重力监测信息的标校基准，反映中短期震情，可以不通过卫星传输。

（3）时纬残差的相对重力监测信息

该仪器监测相对重力值，监测信息输出结果范围为（$9.78 \sim$
9.9）$\times 10^8$ μGal，精度为 5 μGal，监测时间间隔为 1 分钟（每隔 1
分钟测 1 次），监测次数的频率为（1/60）Hz，则单台仪器单次需传
输的数据量为 $\log_2 \dfrac{12 \times 10^6}{5} = 22$ bit，数据传输的平均数据率为 22/60
$=0.367$ bps。

该仪器可以布设在综合观测站内，多数为移动测量设备，反映
中短期震情，可以不通过卫星传输。

（4）综合观测站次声波监测信息

该仪器监测次声波信息，监测信号范围为 80 dB，按每 1 dB 为
量化数计，则单台仪器单次需传输的数据量为 7 bit；按次声最高频
率二倍 4 Hz 采样率，每秒 $7 \times 4 = 28$ bps 将次声波记录下来，累计
60 秒钟，将信息送上卫星。数据传输的平均数据率为 $7 \times 4 \times 60/60$
$=28$ bps。

此仪器共 5 台，每日每隔 10 分钟只发送一次 1 分钟的连续记录
数据，即 10 分钟内平均数据量为 $28 \div 10 = 2.8$ bps，亦即日平均数
据率为 2.8 bps。日平均数据传输量合计为 $2.8 \times 5 \times 86\,400 \div 8 =$
0.151 2 MB。

紧急时段，仪器共 5 台，每日每隔 1 分钟发送一次 1 分钟的连
续记录数据，即为 28 bps，亦即日平均数据率为 28 bps。日平均数
据传输量合计为 $28 \times 5 \times 86\,400 \div 8 = 1.512$ MB。

该观测站不能与综合观测站的其他设备布置在同一位置，需要
单独布设。

（5）综合观测站 HRT 波监测信息

该仪器监测 HRT 波信息，监测信号已经数字化，一次监测六个方向，每个方向的监测结果为 64 个 32 bit 数据，监测时间间隔为 128 秒（每隔 128 秒测 1 次），监测次数的频率为（1/128）Hz，则单台仪器单次需传输的数据量为 $32 \times 64 \times 6 = 12\ 288$ bit，数据传输的平均数据率为 $12\ 288/128 = 96$ bps。

由于该观测站会影响当地的地电场监测，不能与综合观测站的其他设备布置在同一位置，需要单独布设。

此仪器共 10 台，日平均数据传输量合计为 $96 \times 10 \times 86\ 400 \div 8 = 10.368$ MB。

（6）综合观测站地磁监测信息

综合观测站内的地磁监测精度较高，监测四个磁场强度值和两个磁场方向值，监测时间间隔为 1 分钟（每隔 60 秒测 1 次），监测次数的频率为（1/60）Hz。磁场强度监测信息输出结果范围为 $0 \sim 100\ 000$ nT，精度为 3 nt，则量化精度为 $\log_2 \dfrac{10^5}{3} = 16$ bit，磁场方向的监测信息输出结果范围为 $0 \sim 90°$，监测精度为 $0.1'$，则量化精度为 $\log_2 \dfrac{90 \times 60}{0.1} = 16$ bit，单台仪器单次需传输的数据量为 $16 \times 4 + 16 \times 2 = 96$ bit，数据传输的平均数据率为 $96/60 = 1.6$ bps。

此仪器共 10 台，日平均数据传输量合计为 $1.6 \times 10 \times 86\ 400 \div 8 = 0.172\ 8$ MB。

该仪器可以和综合观测站的其他仪器布设在同一位置。

（7）综合观测站地声监测信息

地声监测灾害发生前的地声信息，该监测信息在综合观测站、观测站和群测点内均布布置，监测信息输出结果范围为 80 dB，取 1 dB 量化，量化精度为 7 bit。地声频率为 $0 \sim 20$ kHz，按照一次连续传输 1 分钟完整数据计算，则单台仪器单次需传输的数据量为 $7 \times 20\ 000 \times 60 = 8.4$ Mbit，数据传输的数据率为 $8.4\ M/60 = 140$ kbps。

考虑到这类监测设备数量大，在整个试验区内布置有 1 500 台，若直接传输这些数据，数据率需要达到 140k×1 500＝210 Mbps。

若卫星传输能力有限，可采用特征传输，对地声原始数据按其 15 个音阶频谱采样，只传输特征频率的幅值，使传输的数据量大幅压缩。如按照连续监测 30 秒钟，对监测模拟曲线进行 FFT 变换，取 15 个特定地声频率幅值，每个频率值按照 10 bit 量化——如果每个频率值测量仪器事先已经确定（如相当于音阶从 C 调的低声 2 到 C 调的高声 2），则此量化值已约定不必传输；而每个频率对应的幅值按 10 bit 量化，则地声在每个频率点/频段内各自分别累计 30 秒钟内的能量值，作为需要通过卫星传输的数据量。每个地声监测实际传输一次的数据量为 10 bit×15＝150 bit。在 30 秒内数据传输的平均数据率为 150 bit/30 s＝5 bps。

如果在整个试验区内布置 1 500 台，则 30 秒内持续直接传输这些数据需要 5 bps×1 500＝7.5 kbps。

如果不出现地声信号，每 10 分钟传输一次，每台仪器每天只传输 144 次分别为 30 秒的累计地声的 15 个音阶能量的数据，则每台仪器每天传输的总数据量为 150 bit×144＝21 600 bit。按一天 86 400 秒平均，每台仪器日传输 144 次数据的平均数据率为 21 600 bit÷86 400 s＝0.25 bps。此时，每台仪器每天传输的平均总数据量为 0.25×86 400÷8＝0.002 7 MB。

综合观测站共有 5 个，平日的日平均数据传输量合计为 0.002 7×5＝0.013 5 MB。

一旦出现地声信号时，按地声持续产生 3 小时估计，每隔 1 分钟报一次，每天除原先例行 144 次外，增加 162 次（＝3×60－3×6），共计传输 306 次，每台仪器经紧急呼叫后当天传输 306 次，则每台仪器日传输的平均数据率为 150 bit×306/86 400＝0.531 25 bps。此时，每台仪器每天传输的平均总数据量为 0.531 25×86 400÷8＝0.005 737 5 MB。

此外，一旦出现地声信号时，如果 3 个小时内需要每 1 秒钟发出一次，共发送 10 926 次的 150 bit/次数据，共计发出 1 638.9 kbit 的数据。按一天 86 400 秒平均，相当于日平均连续总数据率为 18.968 75 bps。后面总计中只计入上一种紧急传输情况。

该仪器可以和综合观测站的其他仪器布设在同一位置。

计及地震前兆三小时紧急发送，综合观测站 5 个，那么合计的日平均数据传输量为 0.005 737 5×5＝0.028 687 5 MB。

对于地磁和次声波监测中，若有高频采集的需求也可以采用相同的方法进行处理。

需要指出的是，对于地震和地质灾害前兆发出的次声波信号、地磁信号和地声信号，由于我国尚未对此类信号做过深入、系统的产生机理研究，因此不能采取特征信号提取或有效信息压缩的处理方法。若受传输能力限制，可考虑对这类音频信号采取快速傅里叶频谱分析，将其频谱按音阶离散分档，从低档倍频增程地进到高档。可分为十几个到几十个档，如 15 档；然后，对相应的音频信号频点取样读出幅值。幅值大小取 10～12 dB 量化，从而取得一次采样的数据。每隔多久才采集一次要视实际情况定。有的每隔十分钟一次，有的每隔一分钟一次，有的每隔一秒钟一次，有的每隔一秒钟许多次。数据率如果继续增大，卫星的能力可能做不到。灾害异常的前兆信号持续时间，有的可能为 1 小时，有的甚至为 3 小时，则在这个时间段内视需要更加频密地进行监测并发送。遇到这种情况，需要与相关灾害业务主管部门的监测预测信息决策和预报方协调后统一设计，如卫星按优先级传输处置等。

（8）综合观测站深井流体监测信息

综合观测站内的深井流体监测信息包括温度、水位、水温、氡、汞、氦、氢、水电流、二氧化碳、甲烷等 10 项。其中温度、水位、水温、水电流四项的监测时间间隔为 1 分钟（每隔 60 秒测 1 次），监测次数的频率为（1/60）Hz，其量化精度分别为 18 bit、10 bit、10 bit 和 10 bit，则单台仪器这四项每分钟需传输的数据量为 48 bit，数据传输的数据率为 48/60＝0.8 bps；其中氡、汞、氦、氢、二氧化碳、甲烷六项的监测时间间隔为 1 小时（每隔 3 600 秒测 1 次），监测次数的频率为（1/3 600）Hz，其量化精度均为 10 bit，则单台仪器每小时需传输的数据量为 60 bit，数据传输的数据率为 60/3 600＝0.016 667 bps。

所以，深井流体监测信息，共计 0.8＋0.016 667＝0.816 667 bps。

综合观测站共设深井 5 个，日平均数据传输量合计为 0.816 667×5×86 400÷8＝0.044 1 MB。

该设备可以和综合观测站的其他仪器布设在同一位置。

（9）综合观测站动物异常监测信息

综合观测站内动物异常监测的虎皮鹦鹉，按照每天的跳动总次数计，监测信息输出结果范围为 1～10 000，监测精度为 1 次，监测时间间隔为一天（每隔 86 400 秒测 1 次），监测次数的频率为（1/86 400）Hz，量化精度为 $\log_2 10^5 = 14$ bit，数据传输的数据率为 14/86 400＝0.000 162 bps。

综合观测站共有 5 只虎皮鹦鹉，日平均数据传输量合计为 0.000 162×5×86 400÷8＝0.000 008 748 MB。

虎皮鹦鹉可以和综合观测站该仪器的其他仪器布设在同一位置。

·综合观测站可以布设在一起的设备（包括时纬残差、次声、HRT 波、地磁、地声、深井流体和动物异常）数据传输的数据率合计为 0.000 8×10＋2.8×5＋96×10＋1.6×10＋0.25×5＋0.816 667×5＋0.000 162×5＝ 995.342 145 bps。

·地震前兆时段应急时，综合观测站数据传输数据率合计为＝0.000 8×10＋28×5＋96×10＋1.6×10＋0.531 25×5＋0.816 667×5＋0.000 162×5＝1 122.748 395 bps。

5 个综合观测站台设备的日数据传输量为 0.000 086 4＋0.151 2＋10.368＋0.172 8＋0.013 5＋0.044 1＋0.000 008 748＝10.749 695 148 MB。

地震前兆时段应急时，5 个综合观测站台设备的日数据传输量为 0.000 086 4＋1.512＋10.368＋0.172 8＋0.028 687 5＋0.044 1＋

0.000 008 748＝12.125 682 648 MB。

5个综合观测站设备中，时纬残差的绝对重力仪5台、相对重力仪5台，通常由地面传输，必要时才通过卫星传输，后文在统计卫星传输数据量中暂未计入。

特别需要指出的是，在综合观测站设备中，地声监测相对于HRT波，数据率与数据量显得不均衡，因此可以考虑或提高地声每日上报间隔次数。同样，HRT波也可考虑是否不必要连续24小时发送，正常时期集中观测潮汐时段，从而至少可以减少75%的数据量（96－72＝24 bps）；或者考虑HRT波设备是否可以设置在离地震地区较远、较安全的地址，从而也可以减少卫星数据传输率和数据量。也就是说，这是一种继续深入安排卫星资源利用的设计思路，也是完成届时应急的合理资源调度优化方法的基本思路。显然，这些工作需要在具体方案设计时再统一平衡优化。

4.1.2.2　观测站数据传输的数据率

（1）观测站地声监测信息

观测站地声光纤监测信息与综合观测站地声监测信息相同，单台数据传输的数据率为0.25 bps。52个观测站设备的日数据传输量为0.140 4 MB。

前兆紧急时段，单台数据传输的数据率同样为0.531 25 bps。52个观测站设备的日数据传输量为0.298 35 MB。

（2）观测站地磁监测信息

该仪器监测地磁信息，监测信息输出结果范围为0~100 000 nT，分别监测三个方向的地磁场强度，精度为1 000 nT，监测时间间隔为1分钟（每隔60秒测1次），监测次数的频率为（1/60）Hz，则单台仪器单次需传输的数据量为 $\log_2 \dfrac{100\ 000}{1\ 000}=7$ bit，数据传输的数据率为 $7\times3/60=0.35$ bps。52个观测站设备的日数据传输量为0.196 56 MB。

（3）观测站天然地电位监测信息

该仪器监测地电场信息，监测信息输出结果范围为 $-200\sim$ 200 mV，精度为 0.1 mV，监测时间间隔为 5 分钟（每隔 300 秒测 1 次），监测次数的频率为（1/300）Hz，则单台仪器单次需传输的数据量为 $\log_2\dfrac{400}{0.1}=12$ bit，数据传输的数据率为 $12/300=0.04$ bps。52 个观测站设备的日数据传输量为 0.022 464 MB。

（4）观测站浅井流体监测信息

该仪器监测温度、水位、水温、二氧化碳、一氧化碳、甲烷、氡、汞等 8 种信息。

其中温度、水位监测量化精度为 12 bit 和 8 bit，监测时间间隔为 1 分钟（每隔 60 秒测 1 次），监测次数的频率为（1/60）Hz，数据传输的数据率为 $(12+8)/60=0.333\ 3$ bps。

水温监测量化精度为 8 bit，监测时间间隔为 5 分钟（每隔 300 秒测 1 次），监测次数的频率为（1/300）Hz，数据传输的数据率为 $8/300=0.026\ 667$ bps。

二氧化碳、一氧化碳、甲烷、氡、汞的量化精度均为 10 bit，监测时间间隔为一小时（每隔 3 600 秒测 1 次），监测次数的频率为（1/3 600）Hz，数据传输的数据率为 $5\times10/3\ 600=0.013\ 888\ 9$ bps。

• 观测站所有设备可以布设在一起，一个台站的数据传输数据率合计为 $0.25+0.35+0.04+0.333\ 3+0.026\ 667+0.013\ 888\ 9=1.013\ 855\ 9$ bps。52 个台站合计数据传输数据率为 52.720 51 bps。

前兆紧急时段，一个台站的数据传输数据率合计为 $0.531\ 25+0.35+0.04+0.333\ 3+0.026\ 667+0.013\ 888\ 9=1.295\ 106$ bps。52 个台站合计数据传输数据率为 67.345 51 bps。

• 52 个观测站日平均数据传输量合计为 1.013 855 9 bps $\times$ 86 400 $\div$ 8 $\times$ 52 $=$ 0.569 381 MB。

前兆紧急时段，52 个观测站日平均数据传输量为 1.295 106 $\times$ 86 400 $\div$ 8 $\times$ 52 $=$ 0.727 33 MB。

4.1.2.3　群测点数据传输的数据率

（1）群测点天然地电位监测信息

与观测站相同，单台数据传输的数据率为 0.04 bps。

（2）群测点地声监测信息

与综合观测站和观测站相同，单台数据传输的数据率为 0.25 bps。

前兆紧急时段，数据传输数据率为 0.531 25 bps。

（3）群测点地磁监测信息

与观测站相同，单台数据传输的数据率为 0.35 bps。

（4）群测点浅井流体监测信息

该仪器监测水位、水温、二氧化碳、甲烷等信息。

其中水位监测量化精度为 8 bit，监测时间间隔为 1 分钟（每隔 60 秒测 1 次），监测次数的频率为（1/60）Hz，数据传输的数据率为 8/60＝0.133 33 bps。

水温监测量化精度为 8 bit，监测时间间隔为 5 分钟（每隔 300 秒测 1 次），监测次数的频率为（1/300）Hz，数据传输的数据率为 8/300＝0.026 667 bps。

二氧化碳量化精度均为 10 bit，监测时间间隔为 1 小时（每隔 3 600 秒测 1 次），监测次数的频率为（1/3 600）Hz，数据传输的数据率为 10/3 600＝0.002 777 8 bps。

甲烷量化精度均为 10 bit，监测时间间隔为 1 小时（每隔 3 600 秒测 1 次），监测次数的频率为（1/3 600）Hz，数据传输的数据率为 10/3 600＝0.002 777 8 bps。

（5）群测点磁喷前哨监测信息

该仪器监测地磁场异常暴发的信息，监测三个方向的地磁场强度，监测信息输出结果范围为 0～100 000 nT，精度为 100 nT，监测时间间隔为 1 分钟（每隔 60 秒测 1 次），监测次数的频率为（1/60）Hz，则单台仪器单次需传输的数据量为 $\log_2 \dfrac{100\ 000}{100}＝10$ bit，数据传输的

数据率为 $10 \times 3/60 = 0.5$ bps。

• 1 500 个群测点磁喷前哨监测仪，日传输数据量为 $= 0.5 \times 86\,400 \div 8 \times 1\,500 = 8.1$ MB。

• 群测点的设备除磁喷前哨观测仪以外，其他仪器（包括天然地电位、地声、地磁、浅井流体）可以布设在一个点内，单个群测点的数据传输数据率合计为 $0.04 + 0.25 + 0.35 + 0.133\,33 + 0.026\,667 + 0.002\,777\,8 + 0.002\,777\,8 = 0.805\,552\,6$ bps。1 500 台站合计数据传输数据率为 1.208 328 9 kbps。

前兆紧急时段，单个群测点的数据传输数据率合计为 $0.04 + 0.531\,25 + 0.35 + 0.133\,33 + 0.026\,667 + 0.002\,777\,8 + 0.002\,777\,8 = 1.086\,8$ bps。1 500 台站合计数据传输数据率为 1.630 203 9 kbps。

群测点外还另有 3 000 个磁喷前哨观测仪，其中 1 500 个可以和群测点在一起，另有 1 500 个在灾前临时机动用，每个数据传输数据率为 0.5 bps。

• 群测点 1 500 台设备，包括天然地电位、地声、地磁、浅井流体以及磁喷前哨观测仪，合计日平均总传输数据量为（0.805 552 6 $+0.5$）$\times 86\,400 \div 8 \times 1\,500 = 21.149\,95$ MB。

前兆紧急时段，群测点 1 500 台设备，合计日平均总传输数据量为（1.086 802 6 $+0.5$）$\times 86\,400 \div 8 \times 1\,500 = 25.706\,2$ MB。

• 另外，还有 1 500 个机动磁喷前哨观测仪的日平均总传输数据量为 8.1 MB。

• 灾害关联性科学研究平台按照设备布设的不同位置，各自划分为一个数据传输终端，合计需要 7 种数据传输终端，共计 3 078 台。如果不计机动的磁喷前哨观测仪，则需要数据传输终端 1 578 台。

由于各自的监测和传输时间间隔不同，按日数据传输量计算，总计需要传输的日数据量为 $10.749\,695 + 0.569\,381 + 21.149\,95 + 8.1 = 40.569\,0$ MB。

前兆紧急时段，总计需要传输的日数据量为 $12.125\,68 + 0.727\,33 + 25.706\,2 + 8.1 = 46.659\,2$ MB。

4.1.3　各类灾害数据采集功能分析计算

仿照以上方法，设计计算以下数据并填表：各类灾害分别按所监测预测台站及其各种仪器仪表总数、布设地址的不同列出，所需数据传输终端 DCP 按能合用和不能合用配置，设计计算出平时传输数据量和紧急时刻传输数据量，及其间隔发送次数和发送速率。然后以不同仪器仪表各自不同的监测和传输时间间隔，按日数据传输量做出计算。填制表格见表 4-1。

4.1.4　地震灾后数据采集功能分析计算

采用地震灾相仪监测地震以及次生灾害发生后的灾情，信息采集的内容包括地震后破坏场景图像、地震谱烈度、温度、烟气浓度、毒气浓度等。

震后破坏场景图像监测结果的输出形式为 $30\sim 50$ KB 的图像（按 50 KB 计），监测时间间隔为 5 分钟（每隔 300 秒测 1 次），监测次数的频率为 $(1/300)$ Hz。单台仪器单次需传输的数据量为 50×8 $=400$ kbit，数据传输的数据率为 $400\,000/300 = 1\,333.333\,3$ bps。需求是传送 $2\sim 3$ 幅图像，这里按 6 幅图像计算，即共计在 30 分钟内传输完毕。

地震谱烈度监测结果的输出范围为 $0\sim 12$ 级，监测精度为 0.01 级，监测时间间隔为 5 分钟（每隔 300 秒测 1 次），监测次数的频率为 $(1/300)$ Hz。单台仪器单次需传输的数据量为 11 bit，数据传输的数据率为 $11/300 = 0.036\,67$ bps。

火灾监测结果为是否有火灾，用 0 或者 1 表示，监测时间间隔为 5 分钟（每隔 300 秒测 1 次），监测次数的频率为 $(1/300)$ Hz。单台仪器单次需传输的数据量为 1 bit，数据传输的数据率为 $1/300$ $=0.003\,33$ bps。

温度监测信息的输出结果范围为 $-55\sim 125$ ℃，监测精度为 0.1 ℃，监测时间间隔为 5 分钟（每隔 300 秒测 1 次），监测次数的频率为（1/300）Hz。单台仪器单次需传输的数据量为 $\log_2 \dfrac{180}{0.1} =$ 11 bit，数据传输的数据率为 11/300＝0.036 67 bps。

烟气浓度监测信息的输出结果范围为 0～500 ppm，监测精度为 1 ppm，监测时间间隔为 5 分钟（每隔 300 秒测 1 次），监测次数的频率为（1/300）Hz。单台仪器单次需传输的数据量为 $\log_2 500 =$ 9 bit，数据传输的数据率为 9/300＝0.03 bps。

• 按照设备布设的不同地址，一址一个数据传输终端，数据率为 1 333.333 3＋0.036 67＋0.003 33＋0.036 67＋0.03＝1 333.44 bps。320 台的数据率为 1 333.44×320＝426.700 81 kbps。由于震后只监测 30 分钟，按 30 分钟数据传输量计算，共计 320 台。总计需要传输的数据量为 426.700 81×1 800÷8＝96.01 MB。

• 建议改为 6 分钟传输一幅图像，30 分钟内传输 5 幅，可以使传输电源功率降至 5 W。

4.1.5　需求分析汇总及未来需求预估

综合统计各灾害业务主管部门的总数据传输设备台数、类别数、测量手段种类数；不发生灾害时，数据传输数据率合计量；发生灾害时，数据传输数据率合计量。发生灾情后（如发生地震），灾情监测仪的台数及同时监测的数据传输数据率，合计给出卫星传输的总数据率。

从上述各灾种单台监测仪器中，计算出净数据量传输需求最大的值，以此作 DCP 设计传输速率的最大能力参考。然后分析大多数监测仪器需要的 DCP 净数据传输量，由此确定终端选择几档发送。

综合上述各灾种所有监测预测仪器的终端，合计算出日传输净数据量：平时的、紧急前兆出现时段的、多种灾情的紧急前兆同时发生的，一一分别计算。然后由各灾种业务主管部门对 2020 年前、2020 年后关于灾害数据传输设备需 DCSS 传输的总台数、日传输数据总量作出预测。目前初步预计将达到 20 万台，日传输数据总量将达到 11 GB。

4.1.6　卫星星座数据采集需求分析汇总表

监测预测台站和 DCP 设备台数，视不同情况配备设置。下面以灾害关联性科学研究平台和地震震后灾情监测为例，给出卫星星座数据采集需求分析汇总表（见表 4 - 1），其他灾害的监测预测台站和所配备的 DCP 设备台数，均按此表格填写。

4.2　数据采集终端设计技术路线与规范理念

DCP 终端是灾害地面各种监测预测台站与灾害主管分析决策中心的不可或缺的桥梁。

在深入具体地分析了各灾害数据采集终端的具体数据传输规格要求后，本节将阐述数据采集终端的设计技术路线与规范理念。

4.2.1　可靠性

各种灾害对 DCP 数量的需求巨大，同时由于 DCP 大多数设置在偏僻的地区，工作环境恶劣，生活、供电等保障条件较差，因此，要求高可靠、长寿命、防雷电、低功耗、双电源保障、信息纠错与冗余，要求提高功放效率，提高调制解调设备的集成度，无需专业管理、无需人工维护维修、无人值守。

4.2.2　轻巧性

重量轻、体积小、易固定、易携带。

4.2.3　灵活性

能积木式规范化地组装某些部组件，即插即用。适应地面各种监测预测台站各种仪器设备的电性能要求，适应地面各种监测预测台站各种仪器设备的接口要求。

表 4-1　卫星星座数据采集需求分析汇总表

灾害监测需求部门	监测方法编号	监测方法	监测设备的自身采样数/自身采一次的时间	每天采样次数	单台日平均数据率	监测设备台数	日平均数据传输量总计	DCP传输时间间隔	DCP设备台数	单台DCP单次数据包大小/bit	备注
灾害关联性科学研究平台	1	时纬残差 天文仪器	67 bit,一天一次	1	67/86 400=0.000 8 bps	10	0.000 8×10×86 400÷8=0.000 086 4 MB	一天一次	10	67	
	2	次声波	7 bit,4 Hz采样一次即28 bps,平时每隔10分钟送一次1分钟的连续记录	144	28/10=2.8 bps	5	2.8×5×86 400÷8=0.151 2 MB	10分钟一次	5	28	
			紧急时每1分钟送一次1分钟的连续记录	1 440	28 bps		28×5×86 400÷8=1.512 MB	1分钟一次		28	
	3	HRT波	12 288 bit,128秒一次	675	12 288/128=96 bps	10	96×10×86 400÷8=10.368 MB	128秒一次	10	12 288	
	4	时纬残差 绝对重力	24 bit,1秒一次		24/1=24 bps	5	24×5×86 400÷8=1.296 MB	1秒一次	0	24	未合计此项
		相对重力	22 bit,1分钟一次		22/60=0.367 bps	5	22×5×86 400÷8=1.188 MB	1分钟一次	0	22	

续表

灾害监测需求部门	监测方法编号	监测方法		监测设备的自身采样数/自身的时间 采一次的时间	每天采样次数	单台日平均数据率	监测设备台数	日平均数据传输量总计	DCP传输时间间隔	DCP设备台数	单台DCP单次数据包大小/bit	备注
灾害关联性科学研究平台	4	地磁	磁场强度	96 bit,60秒一次	1 440	96/60 =1.6 bps	10	$1.6×10×86\ 400÷8$ $=0.172\ 8$ MB	1分钟	5	96	第1～4项 合计: 10.749 7 MB; 紧急时: 12.125 7 MB
			磁场角度									
		地声		150 bit(30 秒一次的平均值)。平时,10分钟一次	144	150×144/ 86 400 =0.25 bps	5	$0.25×5×86\ 400÷8$ $=0.013\ 5$ MB	10分钟		150	
				150 bit(30 秒一次的平均值)。紧急时,另加3小时内每隔1分钟一次	306	150×306/ 86 400= 0.531 25 bps		$0.531\ 25×5×$ $86\ 400÷8$ $=0.028\ 687\ 5$ MB	除10分钟一次外,在3小时内,每隔1分钟一次		150	
		深井流体	温度	18 bit,60秒一次	1 440	(18+10+ 10+10)/60 =0.8 bps	5	$0.8×5×86\ 400÷8$ $=0.043\ 2$ MB	1分钟		18	
			水位	10 bit,60秒一次	1 440		5		1分钟		10	
			水温	10 bit,60秒一次	1 440		5		1分钟		10	
			水电流	10 bit,60秒一次	1 440		5		1分钟		10	
			氡	10 bit,3 600秒一次	24	10×6/3 600 = 0.016 667 bps	5	$0.016\ 667\ bps×5×$ $86\ 400÷8$ $=0.000\ 9$ MB	1小时		10	
			汞	10 bit,3 600秒一次	24		5		1小时		10	
			氦	10 bit,3 600秒一次	24		5		1小时		10	
			氢	10 bit,3 600秒一次	24		5		1小时		10	
			二氧化碳	10 bit,3 600秒一次	24		5		1小时		10	
			甲烷	10 bit,3 600秒一次	24		5		1小时		10	
		动物异常	虎皮鹦鹉	14 bit,一天一次	1	14/86 400= 0.000 162 bps	5	$0.000\ 162×5×86\ 400÷$ $8=0.000\ 008\ 748$ MB	1天		14	

续表

灾害监测需求部门	监测方法编号	监测方法		监测设备的自身采样数/自身采一次的时间	每天采样次数	单台日平均数据率	监测设备台数	日平均数据传输量总计	DCP 传输时间间隔	DCP 设备台数	单台 DCP 单次数据包大小/bit	备注
灾害关联性科学研究平台	5	地声	光纤地声	150 bit(30 秒一次的平均值),10 小时,10 分钟采一次	144	150×144/86 400=0.25 bps	52	0.25×52×86 400÷8=0.140 4 MB	10 分钟	52	150	第 5 项合计: 0.569 4 MB; 紧急时: 0.727 4 MB
			光纤地磁	150 bit(30 秒一次的平均值),紧急时,另加 3 小时内每隔 1 分钟一次	306	150×306/86 400=0.531 25 bps	52	0.531 25×52×86 400÷8=0.298 35 MB	除 10 分钟一次外,在 3 小时内,每隔 1 分钟一次		(150)	
		地磁	天然地电位	21 bit,60 秒一次	1 440	21/60=0.35 bps	52	0.35×52×86 400÷8=0.196 56 MB	1 分钟		21	
		浅井流体	温度	12 bit,300 秒一次	288	12/300=0.04bps	52	0.04×52×86 400÷8=0.022 464 MB	5 分钟		12	
			水位	12 bit,60 秒一次	1 440	(12+8)/60=0.333 3 bps	52	0.333 3×52×86 400÷8=0.187 181 MB	1 分钟		12	
			水温	8 bit,300 秒一次	288	8/300=0.026 667 bps	52	0.026 667×52×86 400÷8=0.014 976 MB	5 分钟		8	
			二氧化碳	10 bit,3 600 秒一次	1 440	10×5/3 600=0.013 888 9 bps	52	0.013 888 9×86 400÷8=0.007 8 MB	1 小时		8	
			一氧化碳	10 bit,3 600 秒一次	1 440		52		1 小时		10	
			甲烷	10 bit,3 600 秒一次	1 440		52		1 小时		10	
			氢	10 bit,3 600 秒一次	1 440		52		1 小时		10	
			汞	10 bit,3 600 秒一次	1 440		52		1 小时		10	

续表

灾害监测需求部门	监测方法编号	监测方法	监测设备的自身采样数/自身采一次的时间	每天采样次数	单台日平均数据率	监测设备台数	日平均数据传输量总计	DCP传输时间间隔	DCP设备台数	单台DCP单次数据包大小/bit	备注
灾害关联性科学研究平台	6	天然地电位	12 bit,300 秒一次	288	12/300=0.04 bps	1 500	0.04×1 500×86 400÷8=0.648 MB	5 分钟		12	第 6 项合计: 21.150 1 MB 紧急时: 25.706 3 MB
		地声	150 bit(30 秒一次的平均值)。平时,10 分钟一次	144	150×144/86 400=0.25 bps	1 500	0.25×1 500×86 400÷8=4.05 MB	10 分钟		150	
			150 bit(30 秒一次的平均值)。紧急时,另加三小时内每隔 1 分钟一次)	306	150×306/86 400=0.531 25 bps	1 500	0.531 25×1 500×86 400÷8=8.606 25 MB	除 10 分钟一次外,在 3 小时内,每隔 1 分钟一次		(150)	
		光纤综合井 地磁	21 bit,1 分钟一次	1 440	21/60=0.35 bps	1 500	0.35×1 500×86 400÷8=5.67 MB	1 分钟	1 500	21	
		水位	8 bit,1 分钟一次	1 440	8/60=0.133 33 bps	1 500	0.133 3×1 500×86 400÷8=2.16 MB	1 分钟		8	
		水温	8 bit,5 分钟一次	288	8/300=0.026 667 bps	1 500	0.026 667×1 500÷8=0.432 MB	5 分钟		8	
		二氧化碳	10 bit,1 小时一次	24	10/3 600=0.002 777 8 bps	1 500	0.002 777 8×1 500÷8=0.045 0 MB	1 小时		10	
		甲烷	10 bit,1 小时一次	24	10/3 600=0.002 777 8 bps	1 500	0.002 777 8×1 500÷8=0.045 0 MB	1 小时		10	
		磁暴前哨监测	30 bit,1 分钟一次	1 440	30/60=0.5 bps	1 500	0.5×1 500×86 400÷8=8.1 MB	1 分钟		30	

续表

灾害监测需求部门	监测方法编号	监测方法	监测设备的自身采样数/自身采一次的时间	每天采样次数	单台日平均数据率	监测设备台数	日平均数据传输量总计	DCP传输时间间隔	DCP设备台数	单台DCP单次数据包大小/bit	备注
灾害关联性科学研究平台	7	磁暴前兆监测	30 bit,1分钟一次	1 440	30/60 =0.5 bps	1 500	0.5×1 500× 86 400÷8＝8.1 MB	1 分钟	1 500	30	第 7 项 8.1 MB
	8	待填									
林业灾害	9										
	10										第 8～12 项合计：
	11										
	12										

续表

灾害监测需求部门	监测方法编号	监测方法	监测设备的自身采样数/自身采一次的时间	每天采样次数	单台日平均数据率	监测设备台数	日平均数据传输量总计	DCP传输时间间隔	DCP设备台数	单台DCP单次数据包大小/bit	备注
泥石流、滑坡灾害	13										
	14										
	15										
	16										
	17										
	18										第13~27项合计：
	19										
	20										
	21										

续表

灾害监测需求部门	监测方法编号	监测方法	监测设备的自身采样数/自身采一次的时间	每天采样次数	单台日平均数据率	监测设备台数	日平均数据传输量总计	DCP 传输时间间隔	DCP 设备台数	单台 DCP 单次数据包大小/bit	备注
泥石流、滑坡灾害	22										第 13～27 项合计：
	23										
	24										
	25										
	26										
	27										
环保灾害	28										第 28～29 项合计：

续表

灾害监测需求部门	监测方法编号	监测方法	监测设备的自身采样数/自身采一次的时间	每天采样次数	单台日平均数据率	监测设备台数	日平均数据传输量总计	DCP传输时间间隔	DCP设备台数	单台DCP单次数据包大小/bit	备注
环保灾害	28										第28~29项合计:

续表

灾害监测需求部门	监测方法编号	监测方法	监测设备的自身采样数/自身采一次的时间	每天采样次数	单台日平均数据率	监测设备台数	日平均数据传输量总计	DCP传输时间间隔	DCP设备台数	单台DCP单次数据包大小/bit	备注
环保灾害	29										第28～29项合计：
	30										
农业灾害	31										第30～34项合计：
	32										
	33										
	34										

续表

灾害监测需求部门	监测方法编号	监测方法		监测设备的自身采样数及自身的时间采一次的时间	每天采样次数	单台日平均数据率	监测设备台数	日平均数据量总计	DCP传输时间间隔	DCP设备台数	单台DCP单次数据包大小/bit	备注
地震灾害后	35	地震要素与次生灾情监测	灾情状况的现场图像	400 000 bit,5分钟一次	6	400 000/300 =1 333.333 3 bps		(1 333.333 3+0.036 67 +0.003 33+0.036 67 +0.03)×1 800 ×320÷8=96.01 MB	5分钟一次,共6次	320	400 032	第35项合计:96.01 MB
			地震谱烈度	11 bit,5分钟一次	6	11/300 =0.036 67 bps						
			火灾	1 bit,5分钟一次	6	1/300 =0.003 33 bps	320					
			温度	11 bit,5分钟一次	6	11/300 =0.036 67 bps						
			烟气浓度	9 bit,5分钟一次	3	9/300 =0.03 bps						
其他灾害												

4.2.4　经济性

自身价格低廉。要做到规范产品规格、减少品种与状态，具有更好的性能，使卫星星座能服务于更多的地面监测预测台站，从而分担卫星成本。

4.2.5　约定性

这虽不是 DCP 硬件功能，但属于 DCP 终端配置方案设计中为减少不必要的数据传输信息量的软方法。"灾害监测预测台站"要与对口的上级灾害业务主管部门的"灾害数据处理判断决策中心"事先约定许多有关事物的含义/定义、计量单位甚至某些量值，将之设计成双方约定的书面文件，从而减少不必要的数据传输信息，最大限度地发挥 DCP 潜在功能和卫星星座的潜能，高效地传输有用信息，为更多的地面监测预测台站提供服务。

1）对欲传输的语义、符号、定义、计量单位、固定时空值、发送信息的码位地址等事先进行约定，这些数据均可不再传输。

例如，固定处于一个地址上的测量仪器设备，它的地址的经纬度只要通过通信手段告诉"灾害数据处理判断决策中心"后，不必在每次发送信息时重复发送此经纬度，只发一简短的地址码。同样，只要每次发出数据的计量单位事先约定好，也不必每次再重复发此计量单位。如此，众多的类似数据都可以通过事先约定，节省码位。又如，经压缩后的数据的传输，只将事先约定的压缩方式与压缩比告诉对方即可。又如，可以在通信编码中事先商定好哪些内容设置在第几层（包）第几位到第几层（包）第几位的码位中，每次传输信息时这些信息可不必传输。

2）不变量约定。如果每天向"灾害处理判断决策中心"提供的探测数据的量值是始终保持不变的，就可以事先告知"灾害处理判断决策中心"此量值是不变的，从而不必每次定期发送此数据。可在相隔较长一个时段后，再订正一次。

3) 微变量约定。如果每次上送的数据值与下一次的数据值相对有一微量变化，则不必传输全值 [绝对量值]，只需发送一个差值 [相对差异量值（差分值）]，这样可以大大减少发送信息量（码位字节），从而节省了卫星有限的带宽与功率，使卫星能为更多的地面监测预测台站提供服务。为确保无误，仅需到一定时期，补充作一次定期的绝对量值的核对。这种约定后的数据传输，也可大大减少多余信息的传输，从而保障了最需要信息的传输。

4.2.6　适应性

DCP 面临的加载对象众多，要适应不同的情况。

1) 适应巡回检测能力。地址在一处的一个监测预测台站，有的包含了很多种不同的仪器设备；而不同的仪器设备，有的也包含了测量不同物理量的多种不同的仪表。只采用一台 DCP 时，DCP 要设计得具有对不同仪器设备和对不同仪表中的不同测量量的快速巡回检测能力，统一依次由这台终端集中向上发送。同时，该终端还应能统一接收卫星送下来的命令，由它统一再转而分发给众多仪器设备和仪表。这样的功能都要事先设计到 DCP 产品中，在现场稍作调节即能适应不同仪表状态，完成匹配对接。

2) 瞬发和延迟发射的适应性。卫星接收很多 DCP 上送的数据，有时因地面遇有前兆灾情而业务繁忙，要求某一台站上的 DCP 延迟发送；有时卫星所处轨道面向地面业务集中地区，也要求某一台站上的 DCP 延迟发送；有时因前兆出现要求尽快于最短时间内发送出去，则要求该台站上的 DCP 瞬即发送；有时也会遇到要求将若干数据累积在一起，随后发出等，DCP 都要有此适应能力。这种工作方式可以是事先固定的，可以是一段时期固定的，也可以是临时由卫星指挥统一调度的，DCP 都要具有这样的适应性。例如，在某一DCP 自身业务繁忙时，也可能出现顾不上向卫星发送该时刻规定发送的某条信息；或因其他原因，本 DCP 接受了延迟转发，那么 DCP 应具有适应接受卫星系统统一调度的能力。遇此情况后，它能以信令形式联系卫星和地面相应台站或台站中的某一仪表，并承担这些地面仪表将于何时何刻再行转发的管理功能。

3）全局频繁调度的适应性。由于系统平均每天转发的数据量繁重，转发系统需要对转发数据进行分级，受不同的优先级和带宽的限制，系统要实现高性能的转发，需通过一个优化的带宽复用的算法，实时调整各数据包的转发速度，使其达到或接近理论的分发上限，这样才能在规定时间内将数据分发汇集至地面网关站网（网关站和运管与数据处理站），然后传输到灾害业务主管部门，保证数据的高时效。所以，为了高密度实时获取，在透明转发模式下，为避免成千上万 DCP 同时上传数据出现竞争冲突，需要网关站网中的运管与数据处理站通过卫星，采取双向交互信道，基于 DCP 优先级和业务类型，协调 DCP 的传输信道，实现集中调度。因此，DCP 要具有适应灵活、应急和有序调配的能力。例如，具有既可以 1 秒读一个数后上送，也可以连读 100 个数后再上送的能力。又如，遇紧急情况，优先安排了这一路数据的传输后，导致日常规定发送的其他数据推迟发送，DCP 要能适应这种改变，服从卫星发出的调度，自适应地对地面监测预测台站中的各种仪表实施新的子调度与巡回检测。如此时自身也遇到前兆出现，仍具有这样的适应能力，并应对自如。

4）对具体的灾害监测预测台站上加装的 DCP 进行方案设计时，要从 DCSS 全局业务量综合考虑，给出对其分配发送的时段及分配服务卫星的序号，使卫星通信容量均衡，避免忙闲不均。DCP 要能适应这种工作的调度。

5）DCP 调度策略的适应性。对于某一数据率低的或数据量少的数据，对于那些允许推迟发送的数据，以及对灾害决策影响偏小的数据，都要在 DCP 应用方案设计时，事先做好分析，注入 DCP 调度策略中，或固定化或半定制化，以利于机动安排发送。同理，对于数据率高的、量大的、不允许延迟的、对决策事关重大的，也要如此做。对于需传输数据率比较高、数据量比较大、挤占某一卫星更多转发或延迟转发时间的，要尽量安排在一颗卫星上并服务到底，减少星间交叉交换导致的失误。在安排处理任务不均衡性的调度策略时，拟采用"削峰填谷"原则，使 DCP 自身业务均衡，使众多卫星有效载荷业务均衡，同时也有利于为前兆紧急时段留出可供机动调用的时段与容量。

6）健康访问适应性。DCP 及地面台站要时刻保持自身工作状况处于良好，为此地面台站及其 DCP 都必须定期或不定期报告它们日常工作处于正常状态的健康状况，这是由地面台站-卫星-网关站网组成双向往返沟通的链路。它有正向的报告健康数据的一路，又有反向的网关站网乃至"灾害数据处理判断决策中心"对地面监测预测台站的仪表设备的众多传感器及其 DCP 的健康状况提出查询/访问的另一路。因为地面台站中仪表种类繁多，DCP 要具有此种通用适应能力。健康状况的码和查询/访问的码都需预先约定。

7）转达命令的功能。遇到灾害紧急情报的命令的下达，也可通过上述链路，下达到监测预测台站，后者必须经法律授权，才可向当地有关部门或群众通报紧急消息，力求在最短时间内让群众避难。

8）在接口关系上，DCP 与相关灾种灾害监测预测台站之间要有能相适应的统一的接口。

4.2.7　智能性

1）能根据地面各种监测预测台站各种仪器设备传输信息的不同，结合卫星的传输容量与速率的有限能力，调节发送时间间隔、传送速率与传送方式。对于地面仪表所记录的模拟信号要求能转换为数字信号，对于高频变化的信号要求能转换为有限次数的利于卫星传输的信号，对于视频信号，具有压缩能力，并可选择有限的几幅特征图像送出。能够协助 DCSS 测定卫星与当地地面通信质量的空域分布。

2）有若干紧急处理灾情异常数据能力。当灾情发生异常时，总是希望呼叫卫星开启优先级，紧急调度上送信息。但对于什么情况是异常，有关专家可能有各自的判别准则，DCP 最好能具备若干通用处理准则。如 3 倍方差处理功能，DCP 在平时正常情况下将台站/各种仪器设备所监测给出的数据记录后，能统计其随时间日起伏的变化量值，计算出这一起伏变化量值随月份的慢变化曲线和每天的变化曲线，从中计算出这项数据在当地的数字期望曲线和方差值，以此作为这项数据的当地正常情况下的背景值。当遇有巨大灾情来临，若所测得的数据变化幅度超过了正常情况下背景值方差的 3 倍，即视为异常信息。DCP 应具有这种运算功能。可以据此向卫星系统发出紧急通信请求，在经卫星系统报"灾害数据处理判断决策中心"研究后，由后者再反馈给 DCP 及地面台站，若认为值得关注，卫星将通知其进一步注意观测；此时卫星也可采取广播方式，立即通知地面更多 DCP 及其台站，迅速加大预测频次或上送频次，转发上送。

3）DCP 能根据地面各种不同监测预测台站/各种仪器设备所传输容量与速率的不同要求，遇其他方面的某种情况，要求 DCP 延迟发送信息时，DCP 应具有延迟发送数据的处理能力，足够的快速存储数据信息的能力，又可快速取出所存储信息并迅即发送信息的能力。所以，DCP 为满足各种智能需求，要有足够的存储容量和快速存储与取出数据的能力。

4.2.8　拓展性

DCP 要具有一定的性能拓展性。下面以磁喷仪及其 DCP 为例进行讨论。

磁喷仪可以作为地震临震前的一种前兆预测手段，如若特大地震发生前地下孕育着某种物质运动，反映为磁喷现象。有人做过对世界特大地震的前兆调研，说明磁喷现象发生后，地震很快来临。然而，这种磁场传播距离很近。因此要捕捉到此前兆，需要在一个估计可能发生地震的大区域中处处配置。一旦震中附近发生磁喷就可以较准确地断定震中的位置和地震即将发生的时间。这种磁喷仪可以做得很小。

如果它和 DCP 结合构成一套磁喷网，则可真正发挥预测作用。

这种磁喷仪和 DCP 结合的新颖仪表将具有以下综合功能：其上配备了导航定位定时芯片，随时可以知道自身所处的位置并测到前兆信号的时刻，通过 DCP 向卫星送出。卫星系统在收到若干台磁喷仪同时上报的信息后，既可判断出地震震中的位置，也可排除磁喷仪不是偶然遇到附近有强磁场而发出的虚警。如果磁喷仪持有人在经过强磁性源（磁铁矿区、电站）时导致虚警，或移动的强磁场源临近该磁喷仪时导致虚警，磁喷网就能寻找附近的那些磁喷仪是否也同时都发生磁喷，同时都收到磁喷就不是虚警，否则就不是地震所致，因为通常引起虚警的磁场源的磁场强度相对较弱，不可能导致多台磁喷仪都能收到信号。

所以，为避免发生磁喷虚警的仪表引起一场虚惊，在有多台磁喷仪的临近区域内都不产生此现象时，便可告诉该台虚警的磁喷仪所在地点或该台仪表持有人消除虚惊。这就需要组成磁喷网，该网可以通过 DCSS 运作，也可同时通过地面通信网系统运作。这只需要增加一个能搜索该磁喷仪地址附近区域内还有哪些磁喷仪的地址和工作预测情况，并设计一个小小的搜索寻址与运算算法的软硬件。这就是说，磁喷仪及其 DCP 需要加装导航芯片，并加入搜索寻址与运算处理功能。

类似上述这类功能，将是 DCP 的性能拓展。

4.3　数据采集终端性能指标

4.3.1　任务

DCP 是自然灾害数据采集卫星星座与系统（DCSS）的组成部分，是各灾种灾害地面监测预测台站上加装的终端，具备向卫星星座中的卫星上传数据，并接收 DCSS 系统网络管理指令的功能。同时，能结合地面监测预测台站中多种数据采集传感器，实现多种数据的巡回采集和处理，并针对多灾种需求实现灵活部署。

4.3.2　功能及组成

　　DCP 的功能主要是完成对地面监测预测台站的数据的采集和编码发射，经卫星星座系统转发后，下传至数据采集网关站网。同时，数据采集网关站网通过卫星完成对 DCP 的调度与管理。DCP 按照通信速率的要求分别支持三种不同的通信速率，对于透明转发模式，能够支持预先分配或动态分配信道两种方式接入，对于处理转发模式，支持动态分配的方式接入。

　　DCP 主要由天线与射频模块和编解码调制解调模块组成。地面监测预测台站的仪表设备的众多传感器所采集的测量数据，由 DCP 终端接收或巡回采集接收，经信道编码、调制和功率放大，通过天线发射至微纳卫星星座，然后由卫星星座将接收到的信号转发至地面网关站网。DCP 终端同时具备接收数据采集网关站网的优先级调度功能、均衡优化资源调度功能，以及对其和地面监测预测台站的仪表设备的众多传感器健康状况的查询功能。

　　数据采集终端（DCP）与 DCSS 其他系统间的接口关系如图 3 - 4 所示。

4.3.3　性能指标

　　DCP 终端主要指标见表 4 - 2。

表 4 - 2　DCP 指标

序号	项目	低速终端	中速终端	高速终端
1	工作频段	L 波段		
2	DCP 地面仰角	10°		
3	EIRP	略	略	略
4	G/T	略	略	略
5	上行数据速率	400 bps	1.2 kbps	4.8 kbps
6	下行数据速率	1.2 kbps		

续表

序号	项目	低速终端	中速终端	高速终端
7	调制方式	略		
8	编码方式	略		
9	DCP 发射功率	2 W	5 W	10 W
10	DCP 优先级	可调		
11	对于透明转发模式,支持预先分配或动态分配信道的方式接入			
12	对于处理转发模式,支持动态分配的方式接入			
13	接口关系	与监测预测台站之间采用 RS422 或以太网进行连接		

4.4　DCP 的研制、生产、安装、运行

DCP 是 DCSS 系统的关键组成部分,在 DCSS 系统建设过程中需要进行大量的部署。DCP 的全生命过程包括 DCP 的设计及研制、批量生产、操作使用人员培训,以及长期的运行等。

4.4.1　DCP 设计及研制

DCP 方案的设计和研制是整个系统建设的关键内容,直接关系到系统的性能和应用范围。

按照 DCP 的功能需求和应用背景,DCP 可以划分为数据采集模块、数据处理模块、管理控制模块及通信模块。在研制的过程中需要突破多种类型数据采集技术、多种数据高效分类和组包技术、DCP 实时管理控制和低功耗技术,以及高效调制解调技术等关键技术。

DCP 研制流程第一个阶段是初步方案设计和评审,第二个阶段是对关键技术的研究和算法仿真验证,第三个阶段是设备软硬件详细方案设计阶段,评审通过后进入软硬件开发、测试以及单机集成和单机测试阶段,与大系统进行联调通过后进行产品交付。DCP 研制流程如图 4-1 所示。

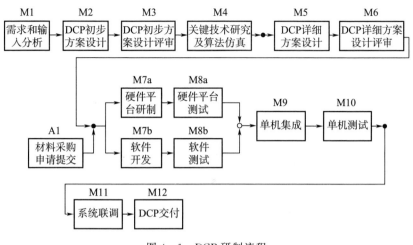

图 4-1　DCP 研制流程

4.4.2　DCP 测试验证

DCP 测试验证过程是保证 DCP 性能的关键，DCP 在设计过程中就要有针对性的测试验证方案并配置测试验证设备，开展针对 DCP 的测试验证工作。

由于 DCP 功能复杂，部署数量庞大，在 DCP 测试验证中需要设计严格的性能和功能测试验证大纲与方案，并采用针对 DCP 的自动化流水线测试验证手段。

4.4.3　DCP 安装调试

DCP 安装调试产品出厂验收后，分别交付各灾种主管业务部门，并对各部门安装调试人员进行培训，做示范性调试。随后，DCP 由各灾种主管业务部门在现场自行安装调试。

4.4.4　DCP 批量生产

研制完成后，进入 DCP 批量生产。

4.4.5　DCP 现场安装联调交付

DCP 批量生产验收后，交各灾种主管业务部门，在现场与灾害监测预测台站对接安装联调。

4.4.6　投入运行使用与日常管理

经联调验收后，投入运行使用，制定各项操作规程并进行日常管理。

第 5 章　微纳卫星

5.1　任务分析

DCSS 数据采集微纳卫星的任务是组成数据采集卫星星座，实现将地面数据采集终端（DCP）与 DCSS 数据采集网关站之间的数据无时间缝隙地双向传输通信。

微纳卫星的任务包括三项：接收地面监测预测台站的数据采集终端 DCP 发出的灾害采集数据，转发传输给 DCSS 系统数据采集地面网关站（简称网关站）；接收地面运行管理站（简称运管站）经地面网关站发来的对地面监测预测台站及 DCP 的检查指令，接收地面运管站经网关站发来的对 DCP 的工作指挥调度指令、控制通信指令、健康状况检测指令，用数据传输方式或广播方式转发给 DCP 及地面监测预测台站；在天-地链路结合下，接收网关站对卫星轨控的辅助数据，实现卫星自主姿轨控。

5.2　DCSS 工程总体设计构思/总体设计技术路线

DCSS 是一项大系统工程，按总体设计基本思想，首先要明确目标，然后从全局顶层自上而下与自下而上地结合，寻求最优组合方式。思考时先从大轮廓构思考虑尽可能多的方案，以输入输出的诸多关联性因素筑建与构成各种功能的基本理化方程，经初步数学估算选择其中几种主要备选方案，然后作仿真模拟比较。遇到多目标求解问题采用演化算法，而在多目标解答域中，唯一值的选择需靠我们的经验、智慧，技术队伍的组织和技术储备，以及领导者的战略魄力。

DCSS 工程总体设计构思，也就是 DCSS 工程的总体设计技术路线考虑如下。

5.2.1　DCP 规格

DCP 的传输速率已在前面章节作了详细论证，得出的结论是仅需三种规格：400 bps、1.2 kbps、4.8 kbps 三档。

5.2.2　卫星重量

对于完成 DCSS 任务可以考虑采用容易实现的小卫星途径，但一枚运载火箭很难做到在一个轨道面上投放十颗卫星，从而增加了整个工程的成本。如果采取我国成熟的运载火箭加上上面级，一枚火箭在一个轨道面上投放十颗到十二颗 30 kg 左右的卫星不存在太大困难。为带动我国卫星的长远发展，确定以 20 kg 卫星为目标。在技术路线选择上宁可选择难度大一些的，可一举储备先进技术。

5.2.3　星上发射功率

参考作者以往计算过的轨道高度 900 km、发射功率为 1 W 的微纳卫星，实现地面双向微型手持机（采取准全向天线）通信的方案。考虑到 DCSS 用户量大，设想将星上功率限制在 2 W。这样，功率链放大级数少，器件发热少，发射机的设计制造容易实现，体积、重量、功耗都小。

5.2.4　天线方向图

DCP 为适应十多个灾种近百种台站仪表，要求确保性能高度可靠、使用方便、降低重量功耗和成本，天线方向图不采取窄波束跟踪卫星以提高信噪比的途径，而采取对天空为接近全向的天线，无线传输频率选取常规通用的 L 波段，这样，DCP 可以做得比较轻巧。

对于星上接收 DCP 的天线，也采取宽波束，天线简单，重量也轻。

于是，卫星与 DCP 间的通信距离主要取决于接收机灵敏度、接收制式、误码率等。由此可测算出卫星轨道高度的允许取值范围。

5.2.5　地面天线直径

卫星在同时接收了地面众多 DCP 送来的大量数据，需集中立即转发至网关站，其向下转发的信息容量很大，需加大频带宽度。星上发射功率设想限制在 2 W 以内后，网关站采用宽波束天线接收的话，信噪比已不能满足需求。由于卫星在轨运行的轨道参数已知，故选取 S 波段或 C 波段窄波束的直径为 7 m 左右的定向跟踪天线来实现。这类地面站随动天线的设计研制和批生产任务，作者在 20 多年前已承担过，技术早已成熟，价格低，不存在难度。

5.2.6　轨道高度

对于卫星轨道高度的选择，起初自然想到为保证数据传输的通信品质，轨道高度以低为好。为保证卫星天线对地全向覆盖，我们设定：DCP 天线和网关站天线的最低接收仰角采取保守取值不低于 10 度计算，规定误码率为 10^{-5}，采用适合上述数据传输要求的编码方式和调制方式。轨道高度分别设定在 800～1 200 km 范围内的若干数值，据此计算出各组通信链路的结果值，从中决定网关站天线直径的取值范围。

5.2.7　轨道倾角

为保证卫星星座对我国国土纬度范围内任何地面灾害监测预测台站的无时间缝隙覆盖，同时尽量减少卫星星座中卫星的数量，卫星轨道面的倾角取值在 45°左右范围，以确保对南到三亚、北至东北最北端地区的无时间缝隙覆盖。这样卫星数量相对少些，但牺牲了对南北两极地区的数据传输，赤道附近中国南海地区的数据传输的无时间缝隙的覆盖率较低，不过因为洋面起伏小，天线最低接收仰角降低，无时间缝隙覆盖率仍可提高。

5.2.8　沃克星座

据此即可综合测算轨道面的倾角取值，轨道高度取值，轨道面的数量，每个轨道面上均匀投放卫星的数量之间的相位关系。先简易估算初筛后，经多目标优化计算得出最佳选择为：卫星高度取1 100 km，轨道倾角取 45°，四个轨道面，每个轨道面上每隔 36° 相位部署一颗卫星，选择沃克（Walker）星座，其参考码为 40/4/3，即星座包含 40 颗卫星，分布于 4 个轨道平面，轨道升交点沿地球赤道均布，每个轨道面部署 10 颗卫星，相邻两个轨道面之间的相位因子为 3。或 4 个轨道平面，每个轨道面部署 12 颗卫星，星座共 48 颗卫星。

5.2.9　抗辐照性能与寿命

轨道高度处于 1 100 km，空间环境中宇宙辐照强度增大，将使卫星中特别是微电子组部件的抗辐照性能与寿命的提高面临较大的难度。但我国器件的实际水平不存在困难，由此确定了轨道高度，以及 DCP 和网关站的数据传输链的总体协调的性能指标。

5.2.10　网关站布局

由于天上 40 颗卫星不断从我国西南方向和西北方向进入我国上空，然后向我国东北方向和东南方向上空飞出国境。地面网关站怎么布局，在何地设站，每个站内又配置几副天线，才能数量最少地不间断地跟踪天上的这些卫星，这是一个难点。我们采取同一方向同时来的多颗卫星由一个地面网关站的多副天线分别跟踪，跟踪一段距离后适时传递给下一个或下几个地面网关站的多副天线，完成接力，直至最后一副天线将卫星跟踪到飞出国境且此时地面 DCP 已没有数据需要传输为止。

5.2.11　天线数量

天线接力跟踪一颗卫星后，要返回跟踪下一颗卫星，故天线存在返回时间。这段时间里不能跟踪卫星，故希望天线返回时间越短越好。慢了，天线数量将增多；太快了，天线研制成本会较高，需要权衡。于是引出了如何选择最优返回时间，如何选择卫星轨道高度，如何选择卫星星座中的卫星数量，以及网关站的地址设置与数量及其天线数量的一个多目标最优求解命题。采用多种演化算法优化比较后作出抉择：即在卫星高度为 1 100 km，轨道倾角为 45°，四个轨道面，沃克（Walker）星座参考码为 40/4/3 下，网关站天线选取 7.3 m，网关站天线返回时间 30 秒。对于无时间缝隙覆盖中国灾害地区采用三地 8 副或四地 10 副天线的布局，地址最少，天线数量最少。

5.2.12　处理转发

为确保 DCP 的数据经过过顶卫星——送上，设想了各种不测情况：卫星临时工作饱和，灾害频发的前兆信息猛增，当地 DCP 的位置偏远，卫星过顶时间不足以传完数据等，这就要求地面 DCP 将采集的数据延迟存储后再发送。这样后继卫星上接收到的数据有时累计数据量很大，一时不能在有限的带宽与时间内向地面某一天线直接透明转发完毕，因此要求卫星将数据存储后延迟再发送。故要求卫星具有透明转发和处理转发（即延迟转发）两种能力。这些调度任务由地面"运（行）管（理）与数据处理站"通过地面网关站向卫星发出，经卫星转发通知 DCP 执行。

5.2.13　国际灾害合作

如果开展国际灾害合作，友邻国家尚未配备地面网关站，他们的灾害监测预测台站的数据可以发送给过顶的 DCSS 卫星，由它将数据存储后延迟至中国上空发送给中国网关站，再通过光缆通信等方式瞬间传送给友邻国家。对于 DCSS 卫星不能无缝隙覆盖的地区（如曾母暗沙等），遇有灾情或某些紧急信息需要传输时，可采取延迟转发的方式。

5.2.14　可靠性与补网

在轨卫星数量多达 40 颗的星座，其可靠性至关重要。一颗星的失效直接影响无缝隙覆盖。因此，要求卫星具有自主迅速移动补网能力；也要求配备应急火箭发射微纳卫星补网。一个轨道面上的卫星数量多些，相当于轨道备份卫星多些，会使 DCSS 正常运行更有保证。所以可以考虑采取一个轨道面上部署 12 颗卫星的方案。即使同一轨道面上有 2 到 3 颗卫星失效，星座还能运行。不过为了卫星届时相位机动，卫星需增加重量，多带一些推进剂。

5.2.15　一分钟中断分析

在最初组织对地面灾害监测预测台站数据传输的需求分析论证中，作者也特地请各灾种业务主管部门对于数据传输暂时中断 1 分钟的后果作了分析。结论是在有些情况下是可以允许的。也就是说，卫星一旦运行至 7 年设计寿命的后期，卫星之间出现难以克服的短暂缝隙，如个别时段出现仅为 1 分钟的中断，DCSS 星座还能继续完成许多任务而不受影响。但 DCSS 在设计时是不能以此作为约束条件的。

5.2.16　卫星星座系统自主运行管理的设计思想

为完成 40 颗卫星星座的构成，完全依赖传统的非自主式的地面测控系统进行在轨管理，将给地面测控系统日常工作造成巨大负担。因此，DCSS 星座系统的卫星必须具备一定的自主运行管理能力。

星座系统自主运行管理是指卫星在基本不依赖地面设施的情况下，自主确定星座状态和维持星座构型，在轨完成飞行任务所要求的功能或操作。整个 DCSS 星座系统实现自主运行，要先解决成员卫星的自主管理，再解决星座系统的自主运行管理（如图 5-1 所示）。

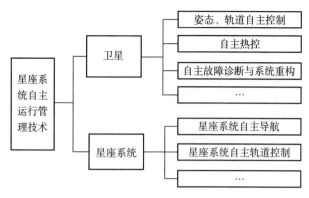

图 5-1　DCSS 星座系统自主运行管理

根据 DCSS 微纳卫星星座的特点，包括自主导航和自主轨道控制的自主运行管理的设计指导思想分述如下。

（1）自主导航的设计指导思想

卫星自主导航的轨道测量采取北斗/GPS 为主，辅之以地面定期监控修正的方式。地面监控是充分利用卫星正常业务数据传输链中的频率信息计算出卫星坐标数据。将北斗/GPS 测量的位置坐标信息与地面监控的轨道预报信息相融合，即可自主获得高精度的轨道数据，实现卫星星座自主轨道确定，提高卫星自主能力，减少对地面系统的依赖。

（2）自主轨道控制的设计指导思想

轨道自主控制调整的目的有二：一是在卫星发射入轨时，利用卫星自身轨道机动能力，实现同轨道面各卫星之间轨道相位的调整，减轻对运载火箭卫星分配器精度要求的压力；二是卫星星座进入运行阶段时，进行轨道维护，避免轨道退化，保证星座的构型。

卫星自主轨道控制的基本运作方式是采取自主导航的轨道控制，星上计算机依据自主导航系统提供的卫星运动参数，经由控制器给出控制指令，推进系统完成轨道机动。

（3）自主轨道控制的机动能力

暂以满足如下条件估算：5 年为寿命期，期间要求卫星入轨误差：轨道倾角 0.08°、半长轴精度 5 km；控制精度：100 m，轨道相位 2°，5 年内 45 次机动；卫星发生故障后构型重构为 30 天；卫星在轨调相 16°。计算得出推进剂的预算详见表 5-1。从表中可以看出，共需 19.46 m/s 的推进能力，即微纳卫星需 20 m/s 的推进能力，能满足 5 年寿命要求。如若采取冷气推进，设计能力可以达到 20 m/s。

表 5-1　微纳卫星推进剂预算表

项目	$\Delta V/(\text{m/s})$	冷气	
		比冲/s	推进剂量/kg
入轨高度调整	2.44		0.12
大气阻力补偿	1.90		0.1
相位保持	4.39		0.22
构型重构	0.54	40.00	0.03
小计	9.27		0.47
入轨倾角调整	10.19		0.51
合计	19.46		0.98

如果寿命要求为 7 年，则相应增加推进剂重量；如果构型重构时间要缩短至 1 天内完成，也需增加推进剂重量；或研制新的推进系统。

5.2.17　DCP 调度

单颗星可同时接收到大量 DCP 上送的数据，每个 DCP 可同时向多颗卫星发送数据，故 DCP 数据的收集与分发的复杂程度相当高。采取的方式是通过对各台站 DCP 设置身份和优先级，DCP 向运管与数据处理站申请信道，由运管站统一调度。对于应急申请，则设置了专门通道。

5.2.18　软件无线电与在轨升级技术设计思想

设计思想要求采用软件无线电技术和在轨升级技术措施。

应用软件无线电技术，通过装载不同软件模块，实现具有通用串行总线（USB）、扩频、数传、高精度测距等功能，满足监控和通信需求的短信息通信机。它将能方便地实现在轨软件升级，使短信息通信机可以根据用户需要进行在轨功能扩展和升级。特别是当卫星星座扩展或 DCP 终端设备改进后，可以通过升级无线电软件，使卫星具备新的适应能力，降低星座更替频率，扩大应用范围。

5.2.19　大多普勒频移补偿技术

由于低轨卫星与地面用户终端/地球站之间相对运动速度大，多普勒频移较严重；不同位置的不同终端多普勒频移量不一样，导致卫星接收的时候会出现频谱重叠、信道交叉等问题，影响数据通信的正常进行，需要采用星上发射导频信息和终端预补偿的技术。

5.3　卫星系统功能

DCSS 微纳卫星的主要功能包括数据转发和星座构型保持功能。它由通信载荷、姿轨控、综合电子、热控、供配电和结构机构等六方面分系统组成，整星重量控制在 20 kg。

5.3.1　通信载荷系统功能

通信载荷系统功能：即实现各类数据的星地中转。一方面，通信载荷接收 DCP 发送的数据，并将数据采用实时透明或存储转发模式发送至数据采集网关站；另一方面，通信载荷兼具测控和数传功能，接收数据采集网关站发送的遥控指令，并向数据采集网关站发送星上遥测数据。通信载荷采用测控数传一体化设计。

数据转发包括透明转发和处理转发两种工作模式，实现数据采集终端（DCP）和数据采集网关站之间的数据转发。DCP 链路采用 L 频段，DCP 上行支持 400 bps、1.2 kbps 和 4.8 kbps 三种上行数据速率；同时卫星具有支持 DCP 的下行链路，用于将来自数据采集网关站发送的监控指令数据以及链路信息广播至地面数据采集终端（DCP）。数据采集网关站链路采用 S 或 C 频段，支持透明和处理转发模式，卫星数传速率不低于 1.5 Mbps，数据采集网关站网管信息上行速率为 1.2 kbps，用于发送对 DCP 终端的监控指令数据和链路信息。

为满足微纳卫星对通信有效载荷的低功耗、高数据传输能力的需求，实现透明转发和处理转发通信功能的一体化集成，需采取 SoC/SIP 技术；采取软件无线电技术，实现在轨软件升级。

5.3.2　姿轨控系统功能

姿轨控系统功能：即对卫星姿态与轨道进行控制。姿态采用对地定向模式，满足通信天线对地指向要求；卫星姿态测量装置采用磁强计、MEMS 陀螺、太阳敏感器、星敏感器、北斗/GPS 定姿接收机等传感器，自主测姿测轨；姿态执行机构选用偏置动量轮、磁力矩器等被动或主动控制方式。

卫星采用北斗/GPS 和地面结合测轨；为保持 DCSS 星座构型，构型的初始化和长期保持能力，至少应具备不小于 20 m/s 的轨道机动能力，以保证星座对地无时间缝隙覆盖。轨道控制采用微型电推进系统。卫星姿轨控分系统应尽量采用低成本、长寿命的方案设计。

5.3.3　综合电子系统功能

综合电子系统功能：包括采集、处理、分发整星工作状态信息及其他分系统的信息，并对卫星分系统的任务状态进行管理与控制。为减少功耗和单机设备数量，以一台计算机完成星务计算、姿轨控计算和有效载荷管理、电源管理、热控管理等功能；将各姿态敏感器后端处理部分、执行机构驱动控制部分，在物理层上进行综合优化集成。采取这样的综合电子系统，使卫星一体化共享硬件模块，并通过软件模块体现原有分系统的功能。

5.3.4　热控系统功能

热控系统功能：保证星上一般仪器设备的温度范围在 −10～ +45 ℃ 之内。采用主被动结合设计，并以被动热控方式为主；主要采用涂层、多层隔热材料、热管等被动热控措施保证星上设备工作所需的环境温度，对蓄电池组等关键件则采取主动加热措施。

5.3.5　供配电系统功能

电源与供配电系统功能：星上电源采用太阳能电池阵与锂离子蓄电池联合供电，为整星提供不间断电源，整星平均功耗 20 W、峰值功耗 40 W，设计寿命 7 年。星上采用集中式供电，为星上各仪器设备提供一次或二次电源，并进行分配与控制，星上电缆网将各仪器设备连接成一个电总体，使各分系统协调工作。

5.3.6　结构机构系统功能

结构机构系统功能：结构系统是为通信载荷和卫星平台各分系统单机提供支撑，承受、传递卫星从发射至在轨飞行各个阶段所面临的环境载荷，并为星上其他各分系统提供环境保护。星上机构系统的功能包括与运载火箭锁紧、分离，太阳电池阵释放、天线等星上部件展开。星箭对接采用 ϕ 300 mm 对接环，卫星包络不大于 ϕ 600 mm。结构布局应考虑到微纳卫星的测试、安装的需要。

5.4　星地链路设计

5.4.1　链路组成

星地链路由 DCP 链路和网关链路两部分组成，如图 3 − 14 所示。

DCP 链路：分上行和下行。由 DCP 上行向卫星发射地面监测预测台站采集的数据；DCP 下行接收数据采集网关站（简称网关站）经卫星透明转发的系统网管信息，包括网关站对 DCP 的资源调度、向 DCP 与其地面监测预测台站发出健康状况抽查令和紧急通知与广播等。

网关链路：分上行和下行。网关站上行向卫星发射监控信号和系统网管信息；网关站下行接收 DCP 经卫星透明转发或处理转发的地面监测预测台站所采集的数据。网关链路的上行和下行在发送信息中，还要协助微纳卫星的自主运行，完成给出卫星轨道位置值的任务。

5.4.2　链路工作频段

DCP 链路，上行、下行均为 L 频段；网关链路，上行、下行均为 S 或 C 频段。

5.4.3　链路工作模式

具有透明转发和处理转发两种工作模式。

1）透明转发模式。工作在卫星与网关站相互可视的范围内，将 DCP 采集数据信号上行经卫星透明转发至网关站；同时将网关站上行的调度指令与系统广播等信息，经卫星透明转发至 DCP。

2）处理转发模式。工作在卫星与网关站相互不可视时，或虽可视而未能下行发出数据时，卫星将实时接收的 DCP 上行的数据存储后，待卫星与后继网关站可视时，以较高码速率转发至后继网关站。

5.4.4　链路余量与接收数据误码率

在保证链路留有足够余量的情况下，接收数据误码率不大于 1×10^{-5}。

5.5　微纳卫星专业技术构思与方案

5.5.1　卫星微纳化的设计指导思想

微纳卫星体积小、功能密度高，其所能提供的空间与电源功率有限，必须综合采用系统芯片（SoC）/单封装系统（SIP）/微光机电系统（MOEMS）/微机械等技术多重集成，功能软件化，采取软件无线电技术，即插即用模块化等新设计方法，实现透明转发和处理转发双模转发微型化通信载荷功能的一体化集成，实现卫星自主定姿定轨的控制功能的一体化集成，进而完成以综合电子技术为核心，整星结构、布局、热控、能源等功能的一体化集成设计。

实现以中央处理器（CPU）、现场可编程逻辑器件（FPGA）等为核心的信息链的高密度综合集成的高效可靠的微系统，在微纳卫星系统级、单机（设备）级、数据级三个层次上高度融合。

微纳卫星设计寿命为 7 年，为保证其长寿命、高可靠，必须采用高集成度、低功耗的国产高端空间微系统/系统芯片/元器件。

为实现卫星轨道相位保持，必须配置一套推进系统。又鉴于卫星的质量约束严格，传统推进系统占有大量质量和体积资源，难以满足严苛的约束条件。为了适应整星的质量约束，提高功能密度，需设计一套集成度很高的小速率增量、小推力、高比冲的 MEMS 微型电推进系统。

5.5.2　微型化技术

5.5.2.1　微纳卫星高可靠、长寿命、低功耗的先进微系统综合集成一体化技术

微纳卫星电子系统综合集成方案的基本思路是将星上相关电子电气部分高度集成，通过微电子技术和微系统集成方案和国产化元器件，将包括陀螺、磁强计、卫星导航等传统独立单机部件与卫星星务管理系统结合，用 SoC/SIP/MOEMS 技术，将星上的数据处理电路、姿轨控计算机、星务计算机、遥测遥控、热控制、驱动控制等硬件电路集成一体，进行全数字化、系统芯片化和模块化设计，大大减少星上单机数量和系统复杂性，减少分立元器件、中央处理器（CPU）和线缆数量，减少外部数据接口，降低整星功耗和重量。

5.5.2.2 姿态测量系统的多源信息融合与先进集成技术

微纳卫星姿态测量系统多源信息融合自主定姿定轨的控制功能一体化集成，就是针对姿态测量系统的不同组合方案，利用先进的信息融合技术、系统集成技术、故障诊断检测技术以及微电子技术，将姿态测量系统中的各个功能模块高效地融为一体，进行综合设计与分析，避开传统的分系统独立的设计模式，降低制导、导航和控制（GNC）系统的重量和功耗，同时满足微纳卫星姿态测量精度的要求。将微纳卫星 GNC 系统中的若干测量单机（卫星导航、磁强计、陀螺及星敏感器电路）进行有效集成，以满足微纳卫星小尺寸、低功耗、面向多任务的可重构控制系统的要求。图 5-2 为星敏感器基板结构示意图。

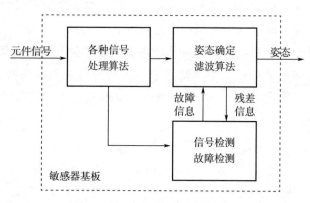

图 5-2 星敏感器基板结构示意图

5.5.2.3 微纳卫星一体化设计制造技术

微纳卫星一体化设计制造技术是指平台各分系统、平台和有效载荷在接口、电气布局、结构、热控等方面进行统筹规划、统一设计，充分利用资源，大幅度减小质量、体积、功耗，提高功能密度，减少中间环节，提高电系统可靠性。

5.6　卫星系统性能指标

5.6.1　DCSS 微纳卫星主要技术指标

DCSS 微纳卫星主要技术指标见表 5 - 2。

表 5 - 2　微纳卫星主要技术指标

项目			技术指标
质量			20 kg
整星包络			ϕ 600 mm
工作寿命			7 年
通信载荷		通信方式	透明转发/处理转发
		载波频率	数据采集网关站链路:S 或 C 频段
			用户链路:L 频段
		载波带宽	用户上行:6.4 MHz
			用户下行:1.5 MHz
		发射功率	≥2 W
		用户上行码速率	400 bps、1.2 kbps、4.8 kbps
		透明转发能力	576 kbps
		处理转发能力	64 kbps
		用户下行码速率	1.2 kbps
		数传码速率	≥1.5 Mbps
轨道		轨道类型	圆轨道
		轨道高度	1 100 km
		倾角	45°
姿轨控		姿态控制方式	对地定向
		姿态指向精度	0.05°
		轨道半长轴控制精度	±100 m
		偏心率偏差	±0.002
		相位保持精度	±0.05°
		轨道机动能力	≥20 m/s

5.6.2　卫星系统重量与功耗分配指标

电能源重量约占卫星全重量 1/4，姿轨控的机电磁化执行器重量约占卫星全重量 1/4，结构与热控重量约占卫星全重量 1/4 弱，姿轨测量和有效载荷重量约占卫星全重量 1/4 强。

姿轨控的机电磁化执行器功耗约占卫星全功耗的 1/3（最大功耗）或 1/6（长期功耗），结构与热控功耗约占卫星全功耗的 1/14（最大功耗）或 1/30（长期功耗），姿轨测量和有效载荷的功耗约占卫星全功耗的 15/16（最大功耗）或 12/16（长期功耗），电能源功耗约占卫星全功耗的 1/10（最大功耗）或 1/20（长期功耗）。

5.6.3　自主管理的指标

1）地面网关站根据卫星 GNSS 和遥测数据，进行卫星精轨测定（一周一次）；

2）每周上注数据，卫星据此自主完成相位控制；

3）精度保持。半长轴：±100 m；轨道相位：±0.05°。

5.6.4　轨道机动能力的指标

轨道机动能力要达到的控制要求见表 5 - 3。

表 5 - 3　微纳卫星控制要求

轨道倾角	±0.005°
半长轴控制精度	±100 m
重构时间	12 小时
调相角度	16°（一颗失效）
启动次数	7 年内至少 63 次

5.6.5　接口关系

5.6.5.1　与运载火箭及上面级的接口

（1）包络尺寸

最大包络尺寸为 424 mm×424 mm×800 mm（含天线）。

（2）机械接口

连接方式上，可采用 ϕ300 型的星箭对接环连接方式（结合包带或分离螺母），或采用专用微纳卫星星箭分离机构。分离方式为弹簧分离。

（3）电接口

微纳卫星与运载火箭和上面级之间没有直接的电接口。

5.6.5.2　与地面分系统的接口

微纳卫星与地面分系统的接口包括数据采集终端（DCP）的接口和数据采集网关站的接口。

微纳卫星与数据采集网关站的接口参数见表 5-4。

表 5-4　微纳卫星与数据采集网关站的接口参数

序号	名称	指标
1	下行数传频段	S 或 C 频段
2	下行数传速率	≥1.5 Mbps

微纳卫星与 DCP 终端的接口参数见表 5-5。

表 5-5　微纳卫星与 DCP 的接口参数

序号	名称	低速终端	中速终端	高速终端
1	用户链路	L 频段		
2	上行数据速率	400 bps	1.2 kbps	4.8 kbps
3	下行数据速率	1.2 kbps		

5.6.6　可靠性

微纳卫星各组成部分的可靠性见表 5-6，整个卫星的可靠性为各组成部分可靠性的乘积，即 0.931。

表 5 - 6　微纳卫星可靠性

组成	可靠性
结构	0.999
太阳电池阵	0.99
综合电子	0.99
姿轨控	0.99
推进	0.99
热控	0.99
电源	0.99
有效载荷	0.99

5.6.7　技术成熟度

DCSS 系统微纳卫星采用国产宇航级高性能元器件。综合电子系统、姿控系统、通信有效载荷以及电源与供配电系统等技术领域已有相关飞行经验或预先研究基础，具有较高技术成熟度。技术风险可控，有较强的工程可实现性。微纳卫星的技术成熟度按国家统一TRL 分级标准可达到 5 级，见表 5 - 7。

表 5 - 7　微纳卫星的技术成熟度

设备	TRL 分级
有效载荷	5
综合电子	5
姿轨控	6
电源与供配电	6
结构与机构	6
热控组件	8
总计	5

5.7　研制生产与流程

5.7.1　研制生产

微纳卫星研制与生产内容包括研制阶段、批量生产阶段和地面测试系统三部分内容。

（1）研制

研制阶段包括方案设计和初样研制。方案设计主要对微纳卫星及分系统进行分析、仿真，并完成微纳卫星方案设计、初步设计和详细设计。初样研制主要完成微纳卫星初样星（包括电性星、结构力学星和辐射模型星）的设计、进行预先测试和验证；研制和试验；并根据微纳卫星的方案特点进行通信载荷等分系统功能专项试验，与其他系统（如运载火箭、网关站、地面应用系统）对接验证。

完成微纳卫星与上面级之间的振动试验、微纳卫星与 DCP 及数据采集网关站之间的通信链路试验等工作内容。

（2）批量生产

研制生产 40～48 颗微纳星正样星，构成 DCSS 运行系统微纳卫星主体部分，实现 DCSS 功能。

（3）地面网系统研制生产

建设微纳卫星地面网系统。

5.7.2　微纳卫星的研制生产技术流程

DCSS 微纳卫星的研制生产技术流程包括方案设计、初样、正样三个阶段，具体如图 5-3～图 5-5 所示。

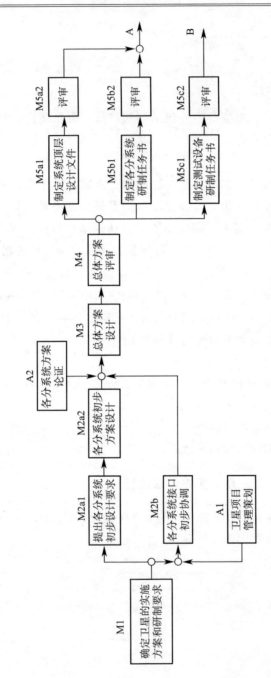

图 5 - 3　DCSS 微纳卫星总体方案设计阶段技术流程

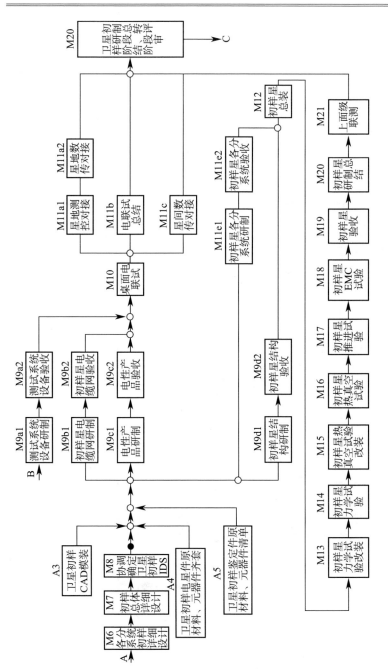

图 5 - 4　DCSS 微纳卫星初样阶段技术流程

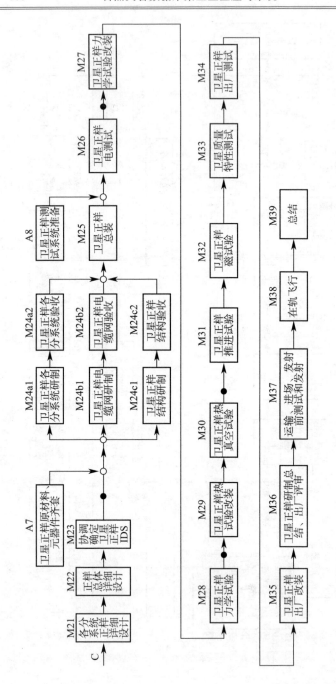

图 5 - 5　DCSS 微纳卫星正样阶段技术流程

第6章 运载火箭、上面级、应急火箭

6.1 功能分析

6.1.1 总体要求

要求运载火箭基础级及上面级，分布均匀地发射卫星星座中的 40 颗到 48 颗卫星，使卫星能相继无缝隙地保证地面监测预测台站的终端完成上行和下行通信，传输数据。在卫星失效后，由应急火箭发射补网卫星。

6.1.2 运载火箭基础级及上面级运载能力与需求分析

6.1.2.1 运载火箭类型分析

如果一颗卫星对应由一枚运载火箭发射，运载火箭单枚重量可以很小，但需要 40～48 枚运载火箭，发射成本很高，不可取。

如果采取一枚大型运载火箭直接发射 40～48 颗卫星，由于要发射进入四个轨道平面，火箭能量消耗太大，也不可取。

因此，采取四枚运载火箭，按 Walker 星座方式释放卫星，每枚运载火箭发射 10～12 颗星。这类运载火箭我国有多种型号可供选择，作适应性改进即可，相应的上面级也有技术储备。

6.1.2.2 轨道面倾角与卫星星座数量分析

起初希望对全球覆盖，但所需卫星数量太多。因此，放弃了对中国陆地南北之外地域的无时间缝隙的覆盖。首先，不包含中国陆地以北的区域，而南端则考虑确保南至海南岛三亚市。曾母暗沙南端为北纬 3°51′，采取四个轨道面的情况下难以确保无时间缝隙地覆盖。由此确定轨道倾角为 45°，星座中总计卫星数量为 40～48 颗。

6.1.3　布网时间分析

运载火箭上面级完成对 10～12 颗卫星布网的时间越短越好，但为完成对卫星在轨的相位调整，火箭需上下变轨，每次变轨需要不断地保持精度，时间太短精度测不精确，而时间过长精度也难以保证，故均衡后取 48～50 小时完成任务。

6.1.4　轨道面倾角的精度

如果两两轨道面不平行，将带来卫星左右方向之间的缝隙，因此期望轨道倾角精度达到 ±0.005°。

6.1.5　释放卫星的相位精度

相位精度理应越高越好，期望值在 ±0.005° 以内。如放宽一个量级至 ±0.05°，则需采取卫星自主弥补措施以消除此相位误差。

6.2　系统指标

根据以上对需求的分析，确定 DCSS 的运载火箭基础级和上面级由 4 枚运载火箭和 4 枚多星发射上面级组成。每枚运载火箭基础级和上面级完成轨道高度 1 100 km、轨道倾角 45° 的 10～12 颗卫星均布组网部署任务。上面级通过 20 余次自主变轨，在 50 小时之内完成卫星的快速均布组网部署。当 40～48 颗卫星正常运行时，出现个别卫星失效，除卫星自主调整相位弥补外，采取小型应急运载火箭进行补网发射。

卫星质量：微纳卫星共 10～12 颗，单星质量 20 kg。

卫星包络：20 kg 卫星为类立方体形状，包络为 ϕ 600 mm × 600 mm 的圆柱体。

轨道参数：10～12 颗卫星位于轨道高度 1 100 km、轨道倾角为

45°的同一轨道面。

部署时间：上面级在 50 小时内快速自主完成 DCSS 星座系统同一轨道面 10～12 颗卫星均布组网部署任务。

运载火箭基础级和上面级，以及应急火箭释放卫星所需入轨精度（不采用地面遥控）要求优于以下指标：

半长轴偏差：±100 m。

轨道偏心率偏差：0.002。

轨道倾角偏差：±0.005°。

相位差偏差：期望值为±0.005°，或放宽为±0.05°。

在多星非对称分离时，上面级姿态角度偏差要求为：$|\Delta\varphi|\leqslant 2°$，$|\Delta\psi|\leqslant 2°$，$|\Delta\gamma|\leqslant 2°$；姿态角速度偏差要求为：$|\Delta\dot{\varphi}|\leqslant 2.5\ (°)\ /s$，$|\Delta\dot{\psi}|\leqslant 2.5\ (°)\ /s$，$|\Delta\dot{\gamma}|\leqslant 2.5\ (°)\ /s$。

快速布网时间：50 小时。

6.3　运载火箭与上面级方案

DCSS 数据采集卫星星座与系统由四个轨道面组成，每个轨道面 10～12 颗卫星均布。任务要求如下：

可采用的运载火箭有多种，它们可各自配置上面级，实现一箭 10～12 颗星发射。每个轨道面 10～12 颗卫星部署要求在轨道平面上相位均布，即相位均等。

以下分别阐述两种不同运载火箭及其上面级的配套技术方案及其接口关系、研产内容、性能指标及研制流程。

6.3.1　两种运载火箭和上面级配套方案

方案一　运载火箭将自己配置的上面级与 DCSS 星座卫星，先发射至低轨高度的停泊圆轨道。接着，在上面级与运载火箭分离后，进行两次轨道机动，进入 1 100 km 高度目标圆轨道。上面级和第一颗卫星按卫星要求经过调姿后，上面级释放第一颗星；当上面级和第一颗星拉开一定距离后，上面级点火进入近地点为中高轨高度×远地点 1 100 km 的调相转移椭圆轨道，在此轨道上运行数圈，待运行到远地点处，上面级再次点火进入 1 100 km 高度的圆轨道，经调姿后释放第二颗星；此时第二颗卫星与第一颗卫星相位相差为 30°或 36°，满足星座均布部署要求。接着以上述类似变轨过程部署星座的其他卫星，依次释放第三、第四颗等。由此得出：DCSS 卫星一颗颗依次入轨的参数：半长轴、偏心率、轨道倾角、分离点地理纬度、分离点地理经度，并满足在 50 小时内快速自主完成星座的相位均布部署。

方案二 运载火箭将其上面级与 DCSS 卫星组合体，先发射进入近地高度的圆轨道，经过一段时间的无动力滑行，在近地点附近上面级发动机点火工作，抬高轨道远地点高度进入近地点×1 100 km 椭圆过渡轨道；上面级滑行到远地点 1 100 km 附近发动机点火工作，抬高轨道近地点高度进入 1 100 km 圆轨道，同时也按卫星所要求的完成调姿，于是，第一颗卫星分离。第一颗卫星分离后，上面级滑行一段时间以保证与卫星之间有足够的安全距离，滑行期间进行姿态调整，然后加速进入共面调相轨道；在调相轨道上运行数个周期后，在近地点附近减速进入目标轨道（减速前进行姿态调整），完成第二颗卫星的分离。两颗卫星之间相位差为 30°或 36°。后续各颗卫星的调相过程与第二颗卫星类似。2 天内完成同一轨道平面全部 10～12 颗卫星的轨道部署。

6.3.2 运载火箭技术方案

6.3.2.1 运载火箭主要技术状态

经分析论证，用于发射上面级和 DCSS 星座的我国几种运载火箭的技术状态都有基础，只需进行一些适应性修改设计。全箭由箭体结构、动力系统（含一、二级发动机，增压输送系统和姿控发动机）、控制系统、推进剂利用、分离系统、遥测系统、外测安全系统、附加系统、地面测发、总体网和地面机械设备等组成，需新研制旋转分离卫星整流罩。根据所选取的运载火箭，其火箭全箭起飞质量、火箭全长、火箭直径、火箭采用的推进剂、火箭起飞推力等总体参数都是已知的，即可填写表 6-1。

表 6-1 火箭主要总体参数

序号	项目名称		单位	第一级	第二级	
					主机	游机
1	起飞质量		t	—	—	
2	上面级组合体质量		kg		—	
3	卫星整流罩质量		kg		—	
4	理论长度		m	—	—	
5	额定推力		kN	—	—	
6	额定比冲		m/s	—	—	
7	发动机质量混合比	额定值	—	—	—	
8	发动机秒耗量	额定值	kg/s	—	—	
9	氧化剂秒耗量	额定值	kg/s	—	—	
10	燃料秒耗量	额定值	kg/s	—	—	

6.3.2.2　轨道设计

火箭在卫星发射基地发射。火箭垂直起飞后，按程序转弯，一级继续飞行，关机后一、二级分离；分离后二级飞行，主机关机，其后游机单独工作，然后关机，游机关机后不久级箭分离，上面级组合体在太平洋上空入轨。主要飞行时序，子级和卫星整流罩理论落点，上面级组合体入轨参数，以及航程示意图即可给出。

6.3.2.3　运载火箭分离

发射时，运载火箭分离的相关事项包括：一、二级分离，卫星整流罩分离和级箭分离。火箭一、二级分离采用热分离方案；卫星整流罩分离采用旋转分离方案。根据上面级的结构特点，上面级与火箭连接解锁装置采用点式连接解锁方案，即采用低冲击、无污染分离螺母的方案；采用安装在火箭上的反推火箭实现上面级与运载火箭之间的分离释放。

6.3.2.4 运载火箭接口关系

（1）运载火箭系统与上面级系统接口

在保证入轨精度的情况下，DSCC 上面级与运载火箭系统存在机械接口和电气接口。机械接口：运载火箭拟采用分离螺母与上面级连接解锁，采用成熟的反推火箭分离技术进行分离；电气接口：运载火箭提供起飞、关机及分离等信号给上面级，另外需满足上面级部分遥测要求，即可提供控制电缆及遥测电缆以及射频等接口。

这些接口均由上面级系统与运载火箭系统共同约定的《DCSS 卫星工程上面级系统与运载火箭系统接口控制文件》具体确定。

（2）运载火箭系统与发射场系统接口

为确保发射场技术状态满足火箭的技术要求，保证运载火箭顺利完成进场发射任务，需要提出运载火箭系统与发射场系统的技术要求，接口主要内容包括：火箭有关技术参数、对发射场的一般要求、对发射场技术区要求、对发射场发射区要求、对发射场气象测量要求等。由运载火箭系统与发射场系统共同约定的《DCSS 卫星工程运载火箭系统与发射场系统接口控制文件》具体确定。

（3）运载火箭系统与测控系统接口

运载火箭与测控系统的接口关系主要是明确箭载测控合作目标和地面相应测控设备的技术参数。测控系统利用我国航天测控网提供对运载火箭的测控支持，完成火箭各飞行段的跟踪测量，接收、记录和处理遥外测数据，实时监视和判定火箭飞行情况，发生故障危机时实施安控，确定卫星初始轨道根数等。运载火箭与测控系统的要求主要包括：外弹道测量要求、安全控制要求以及遥测要求等。由运载火箭系统与测控系统共同约定的《DCSS 卫星工程运载火箭系统与测控系统接口控制文件》具体确定。

6.3.2.5 运载火箭研产内容

根据"充分继承，适度改进"的原则，主要的开发内容为技术状态更改。

（1）卫星整流罩

主要研制内容为卫星整流罩设计及工艺件研制、整流罩静力试验件研制及试验、整流罩分离试验件研制及冷解锁试验和地面分离试验。

（2）风洞试验

包括测力吹风试验、测压、脉动压力吹风试验、气动阻尼吹风试验。

（3）全箭总体设计、仿真及计算（略）

（4）修改设计

进行结构系统、控制系统及遥测适应性修改设计，以及部分产品研制。

（5）控制系统半实物仿真试验（略）

（6）振动试验

开展火箭末子级＋上面级＋卫星组合体状态振动试验。

（7）地面分离试验

开展火箭与上面级的地面分离试验。

6.3.2.6　运载火箭性能指标

运载火箭能够达到的主要技术指标包括：运载能力、入轨精度、分离姿态及精度等。

6.3.2.7　运载火箭研制流程

运载火箭研制过程中，需经历方案阶段、部分初样阶段、试样阶段。

6.3.3　上面级技术方案

上面级的任务和技术方案已在前面阐述了。

上面级的设计首先需将整流罩内 DCSS 星座系统与上面级适配器的布局做好，然后考虑结构质量、推进剂加注量等。上面级由结构系统、动力系统、控制系统、总体电路系统、测量系统及热控系统等组成。

结构系统主要由动力舱、仪器舱、多星适配器及连接解锁装置等组成。

动力系统采用主辅一体化设计发动机。主发动机采用一台数 kN 级推力的发动机，具备多次起动能力，用以实现轨道机动等功能；辅助发动机采用多台几十 N 级推力发动机，用以实现上面级姿控及轨道修正等功能。姿控发动机系统和主动力系统相对独立。上面级具有在轨工作 50 小时的能力，具备在轨全自主多星部署及完成任务后主动离轨功能。

控制系统采用捷联惯组和北斗/GNSS 组合导航系统；主动段制导采用迭代制导方法；滑行段采用星敏感器对惯组姿态进行修正，主要采用变结构控制方法实现解耦控制；采用总线制数据管理为主的电气方案。在上面级飞行过程中具备冗余控制方案，并增加地面测控作为箭上控制系统备份。

总体电路系统主要实现上面级为控制、测量、热控系统进行供配电任务的一体化设计方案。

测量系统完成上面级遥测数据调制，并协同地面测控站完成上面级的跟踪测轨，为遥、外测一体化方案。

热控系统采用被动热控为主，主动电加热热控为辅的等温化设计技术方案。

上面级具备单独测试能力，也具备与基础级火箭共同测试的能力。发射场测试过程中上面级在技术厂房首先单独完成系统测试，然后完成推进剂加注、气瓶充气后与卫星对接，在技术厂房完成合整流罩后，整体转运到发射阵地与基础级火箭对接，参加上面级与基础级联合总检查测试后进入发射程序。

多星适配器与主结构相对独立，可根据不同的任务需求设计，具有很强的任务适应性。

于是，上面级可给出进行 DCSS 星座系统卫星快速均布组网部署的飞行时序，包括：事件名称、时间（min）、速度增量（m/s）、轨道高度（km）。

6.3.3.1　上面级与卫星系统接口关系

上面级与卫星（星座）机械接口，采用国军标通用适配器等接口，可采用包带、分离螺母或专用机构等连接方式，采用弹簧分离方案。

上面级与卫星没有直接的电接口。

上面级的电磁环境界面为星座卫星与上面级分离面，上面级与星座卫星的电磁兼容性设计应符合 GJB 151A—97 的规定。

6.3.3.2　上面级主要性能指标

上面级主要性能指标包括：自主部署能力、自主部署入轨精度、上面级姿态角精度、上面级在轨工作时间、上面级多次起动工作能力等。

6.3.3.3　上面级力学环境条件

（1）过载

只进行鉴定试验。纵向过载试验量级：一级飞行 7.5g（一级关机时刻），二级飞行 10.5g（二级主发动机关机时刻）；横向过载试验量级：0.75g。试验时间：最大过载保持时间只要能足以记录应力、应变和变形等试验数据即可。

（2）低频振动

低频振动试验条件见表 6 - 2。

表 6 - 2　低频振动试验条件

项目	频率范围/Hz	验收试验	鉴定试验
纵向	5～8	3.11 mm	4.66 mm
	8～100	0.8 g	1.2 g
横向	5～8	2.33 mm	3.50 mm
	8～100	0.6 g	0.9 g
扫描率/(Oct/min)	—	4	2

注：允许频率偏差为±2%，允许振幅偏差为 0～10%。

（3）高频振动

高频随机振动试验条件见表 6 - 3。

表 6 - 3　高频随机振动试验条件

频率范围/Hz	验收条件		鉴定条件	
	功率谱密度	总均方根值	功率谱密度	总均方根值
20～150	+3 dB/Oct		+3 dB/Oct	
150～800	0.04 g^2/Hz	6.94 g	0.09 g^2/Hz	10.41 g
800～2 000	−6 dB/Oct		−6 dB/Oct	

注:试验时间 T ——鉴定时间 2 min;验收时间 1 min。

（4）冲击

冲击试验条件见表 6 - 4。

表 6 - 4　冲击试验条件（暂定）

频率范围	试验量级
Hz	加速度/ g
100～800	9 dB/Oct
800～6 000	1 500

6.3.3.4　上面级总体设计

上面级总体方案设计包括如下内容:

1）总体性能参数设计。

2）均布组网多星轨道部署设计。需建立上面级进行长时间工作与多次启动的轨道模型，完成多约束条件下上面级快速部署的轨道设计。

3）多星非对称分离设计。因为卫星在上面级多星适配器上采用并联布局，单个卫星质心不在上面级纵轴上，卫星与上面级分离时必然引起卫星及上面级的转动，因此必须建立上面级卫星分离动力学仿真模型和工程偏差的仿真分析，解决上面级多星非对称平稳分离的优化方案设计。

4）载荷设计。

5）多次起动动力系统技术。上面级要求其动力系统实现多次起动，并具备在轨真空环境下 48 小时以上长时间工作的能力，适应大角度摇动（最大摇摆角±25°）、较大过载及机动的环境。同时，推进剂贮箱的不平衡输出，并联贮箱的不平衡输出，使飞行器的质心产生横移，在轨控发动机工作时便会产生干扰力矩，而且力矩的大小和方位是随机的，因此，在推进剂管理方案中要有推进剂均衡输送设计。

6）力学环境及空间环境设计分析，结构动力学分析。

7）分系统技术要求。

6.3.3.5　上面级结构系统设计

上面级重量相当于有效载荷重量，需采用结构优化设计，使结构轻质化，大幅降低发射成本。上面级构型及包络尺寸，又直接关系到上面级对基础级火箭任务的适应性，也需通过一体化设计技术，实现结构、强度、重量、热控等综合最优设计。内容包括：1）总体构型布局优化设计；2）轻质结构材料应用分析；3）多星连接和可靠分离设计；4）上面级结构优化设计。

6.3.3.6　上面级动力系统设计

动力系统需结合结构布局、上面级重量、飞行工作环境等方面的要求进行一体化设计，形成可靠性高、适应性强、具有模块扩展能力的上面级动力系统。内容包括：1）主辅动力系统方案设计；2）推进剂贮存、管理和输送方案设计；3）动力系统总体优化设计。

6.3.3.7　上面级控制系统设计

上面级制导、导航、控制及数据管理要进行综合集成化设计与系统冗余设计，提高系统集成度与可靠性。内容包括：1）全自主导航系统方案设计；2）制导系统方案设计；3）姿态控制方案设计；4）GNC 系统仿真；5）系统综合设计。

6.3.3.8　上面级总体电路系统设计

对上面级控制系统、测量系统、热控系统及动力系统等供配电需采取综合设计。内容包括：1）长航时电池设计；2）供配电一体化方案设计；3）上面级快速故障检测、诊断、隔离技术研究设计。

6.3.3.9　上面级测量系统设计

上面级遥测、外测等要综合设计，实现小型化、低功耗。同时与控制、总体电路系统实现电气一体化设计，缩短上面级测试周期，提高系统可靠性，降低系统成本。内容包括：1）测量系统方案综合优化；2）遥测系统方案设计；3）外测系统方案设计。

6.3.3.10　上面级热控系统设计

上面级热控系统设计要在热环境仿真分析的基础上完成迭代。内容包括：1）上面级热控方案设计；2）上面级热环境分析及仿真。

6.3.3.11　上面级地面测试系统设计

上面级地面测试系统完成对上面级的分系统测试、集成综合测试、发射前检查及转电控制等任务。内容包括：1）上面级地面测试方案论证及设计；2）故障定位分析及故障诊断研究。

6.3.3.12　上面级地面支持系统设计

上面级地面支持系统是提供上面级（或含卫星）运输、吊装及停放，地面供气及推进剂加注等用途的专用设备。内容包括：1）上面级地面支持系统方案论证；2）上面级地面支持系统方案设计。

6.3.3.13　上面级关键技术集成验证

上面级工程研制中需将多星非对称分离、轻型结构力学性能、推进剂管理及输送、电气一体化等相关技术攻关结果进行集成验证试验，主要包括：多星非对称分离验证试验、结构力学性能验证试验（含模态、振动、静力等验证试验）、推进剂管理及均衡输送验证试验、电气一体化综合验证试验等，将生产多套集成验证试验样机。

（1）多星非对称分离验证试验

上面级部署 10 颗形状大小相同的卫星，逐个分离时将会引起卫星及上面级的旋转，甚至会造成卫星间碰撞，即多星非对称分离将可能影响到任务的成败。多星非对称分离技术作为上面级的关键技术，需先期开展多星连接分离分析、仿真等理论研究及攻关。为了验证多星连接分离方案的合理性及正确性，需进行多星非对称分离验证试验。10 颗卫星还有一种设计方案是有 2 颗大的卫星，8 颗小的卫星。因此在多星非对称分离验证试验时，还要把这种情况考虑进去。

（2）结构力学性能验证试验

1）模态验证试验。上面级采用以球形贮箱为主承力结构，上面级与运载采用分离螺母连接，卫星通过多星适配器和分离螺母与上面级连接。作为新的设计状态，为了解和考核多星和上面级组合系统的动力学特性，较早辨识出有问题的区域，验证和修改有限元分析动力学模型，需要进行多星发射上面级结构系统的模态验证试验。

2）振动验证试验。为考核上面级结构设计的合理性和连接、工艺、材料等对振动环境的适应性，了解多星布局的振动响应特性和结构的振动放大特性，为分析设备和卫星的振动环境以及为结构设计改进等提供依据，需进行上面级结构系统的振动验证试验。

3）静力验证试验。上面级基础结构经优化后相当紧凑，但其结构特殊、工艺复杂，需通过基础结构静力试验验证新型结构设计方案、工艺方案的合理性及结构强度等设计的正确性。

（3）推进剂管理及均衡输送验证试验

上面级多次启动需要进行推进剂管理，由于并联贮箱需要解决均衡输送技术，并且发动机不允许夹气，需要解决无夹气加注技术。因此，在先期设计攻关基础上，需要根据上面级的具体要求，进行动力系统推进剂管理与均衡输送的地面集成试验验证，获取推进剂管理装置的性能参数，验证推进剂管理的有效性，以及与输送系统的协调性和均衡输送措施的有效性。

（4）电气一体化综合验证试验

将针对上面级电气一体化研究成果，开展电气一体化综合验证试验。控制系统、测量系统、总体电路系统箭上原理样机及地面综合测试系统共同参加试验。箭上产品为各系统箭上样机、地面测试系统为各系统专用测试设备并辅之以地面网络总控设备。

6.3.3.14　上面级初样产品研制及试验

上面级初样产品研制及试验，需进行单机及系统级地面试验、上面级综合集成地面试验。

（1）单机及系统级地面试验

上面级单机及系统级地面试验的主要内容有：

1）单机及系统级地面试验单机及系统产品研制（多套）；

2）上面级单机环境试验；

3）上面级单机可靠性试验；

4）多星连接分离试验；

5）多次起动发动机性能试验；

6）动力系统全系统热试车试验；

7）控制系统综合试验；

8）测量系统试验。

9）总体电路系统试验；

10）地面测发控系统试验；

11）地面支持系统试验。

（2）上面级综合集成地面试验

上面级综合集成地面试验的主要内容有：

1）地面试验产品研制（多套）；

2）上面级分系统综合试验；

3）上面级对接（与卫星、火箭及测控）试验；

4）上面级热试车试验；

5）上面级模态试验；

6）上面级振动试验；

7）上面级冲击试验；

8）上面级噪声试验；

9）上面级热平衡试验；

10）上面级热真空试验；

11）上面级电磁兼容试验；

12）上面级综合测试。

6.3.3.15　上面级试样研制及试验

试样研制及试验相关内容有：

1）综合集成飞行试样产品研制；

2）综合集成飞行试样产品地面试验；

3）综合集成飞行试验。

6.3.3.16　上面级研制流程

上面级研制流程划分为可行性论证、方案设计、初样研制及试样研制四个阶段。

1）可行性论证阶段。在了解国内外同类技术和产品现状及发展趋势的基础上，进行需求分析，提出型号研制目标和发展思路，对总体初步技术性能指标实现的可行性进行论证，提出采取的主要技术途径，并进行技术经济分析和论证。同时提出研制关键技术项目、保障条件、研制周期及计划安排等。

2）方案设计阶段。确定总体及各分系统技术状态，完成原理性试验验证，基本突破关键技术，同时，为确保方案阶段各项原理性验证试验的顺利完成，需投产结构、电气、动力、热控等各系统部分方案阶段产品，用于关键技术的验证试验。从该阶段主要工作内容及与后续研制阶段的关系考虑，方案设计阶段又可分为方案论证及方案详细设计两个子阶段。方案论证子阶段主要在可行性论证的基础上，进行总体方案论证、关键技术攻关及工程应用的技术解决途径探索；方案详细设计子阶段主要在方案论证和关键技术攻关的基础上，应用攻关成果，开展结构、电气、动力等系统的初步设计，验证关键技术攻关的正确性及工程适用性，同时为初样研制阶段的启动奠定技术基础。

3）初样研制阶段。进行初样产品设计、生产和试验，验证设计的正确性、可靠性和系统的协调性，突破关键技术；经过充分的地面试验，总体及各分系统性能指标满足设计要求，生产工艺稳定，产品质量和可靠性得到保证。

4）试样研制阶段。进行试样产品设计、生产和试验，全面考核工程研制阶段的设计，检验全型号系统的协调性、可靠性和各项技术指标的正确性；通过试样的飞行试验验证，全面考核上面级的性能指标和设计、生产质量。

6.4 应急火箭

6.4.1 任务要求

应急火箭采用小型运载火箭，一箭一星，快速发射，直接将微纳卫星送入 1 100 km 目标轨道，完成 DCSS 的快速补网。

6.4.2 技术方案

火箭采用新型发动机，应用总线体制下快速测试技术和优化测试发射流程等，发射时间缩短至 24 小时。

火箭为三级，由控制系统、测量系统、动力系统、箭体结构、安全自毁系统组成。按结构组成划分，由整流罩、仪器舱、发动机、级间段、一级尾段组成。

控制系统采用总线对各项功能模块进行信息综合与统一管理，采用单机集成化设计，满足小型化、轻质化要求。制导系统采用箭上计算机＋捷联惯性组合/导航卫星组合制导方案；姿控系统采用箭上计算机＋捷联惯性组合＋速率陀螺＋伺服机构＋数字压力传感器＋姿控喷管的控制方案；综合测试采取箭测与地测相结合，突出箭测的方案。地面测发控系统拟简化系统测试，缩短发射时间。

测量系统采用一体化设计，包含遥测功能、外测功能和安全控制功能。遥测完成全箭参数的测量与加密传输；采用北斗/GPS 接收机＋脉冲应答机完成火箭的外弹道测量，安全指令接收机＋安控器完成无线安控任务。

发射阵地的车辆有：发射车、综合保障车、测量指控车。多功能信息化发射车采用自主定位和水平瞄准方案；综合保障车具有供电及发射阵地勤务保障功能；测量指控车具有完成测量系统阵地测试、首区遥测及指挥通信等功能。

运载火箭采用水平对接、水平运输、水平测试、整体起竖后垂直发射方式。卫星和火箭平时分别贮存在中心库中，接到补网命令后，在技术阵地进行星箭快速对接和快速测试，经发射阵地测试后起竖、点火发射。

6.4.3　接口关系

连接方式上，可采用星箭对接环连接方式（结合包带或分离螺母），或采用专用微纳卫星星箭分离机构。分离方式为弹簧分离。微纳卫星与火箭之间没有直接的电接口。

6.4.4　火箭研产内容

快速发射补网卫星的应急火箭是一种新型小运载火箭，其关键技术包括：总体设计技术、推进系统技术、快速发射技术、精确补网技术。

应急火箭飞行时序填入表 6-5。

表 6-5　应急火箭飞行时序

序号	事件	t/s
1	起飞	0
2	一级发动机关机,一、二级分离,二级发动机点火	—
3	整流罩分离	—
4	二级发动机关机,二、三级分离,三级发动机点火	—
5	滑行段	—
6	三级发动机关机,星、箭分离	—

6.4.5 性能指标

应急火箭的主要性能指标见表 6-6。

表 6-6 应急火箭的主要性能指标

参数偏差	要求值
半长轴	±5 km
轨道偏心率	0.002(0.003)
轨道倾角	±0.05
相位角	±2°(±3.5°)
姿态角	±5°
姿态角速度	2.5(°)/s
运载能力(1 100 km /45°倾角)	20 kg

6.4.6 流程

应急火箭研制流程划分为可行性论证、方案设计、初样研制及试样研制四个阶段。

第7章 数据采集网关站和运管与数据处理站

地面应用系统由"数据采集网关站"、"运管与数据处理站"和相关灾种灾害地面监测预测台站的终端（DCP）组成。

地面网关站和运管与数据处理站的任务包括：集中调度分布在全国地面的几十万个各类灾害的监测预测台站的终端（DCP）依次即时转发数据；集中调度全国网关站的天线交替工作，依次跟踪在轨微纳卫星，即时接收卫星有效载荷转发或处理转发的高密度实时数据，经处理后将大量数据实时传送、分发到各灾种业务综合汇总部门。地面网关站和运管站同时还担负协助卫星自主运行的轨道测量控制和运行管理；担负对DCP健康状况的监测，需要时还可指挥与调度对灾害地面监测预测台站的健康状况的监测。

地面应用系统组成如图7-1所示。

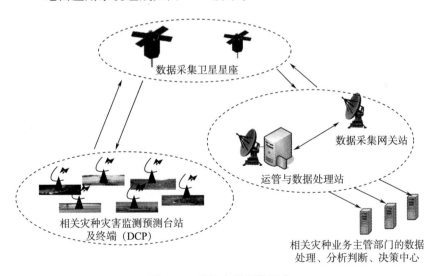

图7-1　地面应用系统组成

　　DCSS 卫星也具有对全球南北纬度 54°之间各国灾害监测预测台站业务数据的无时间缝隙的实时传输的能力，只需加装 DCP，并在各国自己领土上设置网关站。卫星的测量控制与调度功能、网关站天线的调度功能，由华北运管与数据处理站统一服务。

7.1　任务

　　保证我国北纬 18°～北纬 54°之间的陆海地域，实现无缝隙覆盖的数据接收，为用户提供信息处理和管理功能。数据采集网关站根据卫星轨道倾角和出入境状况（数据采集业务地区或数据采集使用国国境），天线跟踪与返回，信息交接，站址所在地和天线数量，视不同业务所属地区或不同使用国家的业务需要而设定。中国如果站址设在华北站、西南站、西北站、海南站，共需建设 8～10 副天线系统，运管与数据处理站可以设在华北。

　　（1）数据采集网关站

　　数据采集网关站主要负责接收卫星下行的 DCP 数据并将之传送给运管与数据处理站，接收卫星上行运管与数据处理站调度 DCP 和监控卫星的指令，实现对卫星的监测监控，并且完成对 DCP 的调度管理。

　　（2）运管与数据处理站

　　运管与数据处理站负责 DCP、卫星、数据采集网关站的统一管控，各类灾害数据的预处理、存档、分发、数据资源交换、系统运行管理等。

7.2　功能

7.2.1　数据采集网关站功能

　　据采集网关站功能如下：

　　1）接收卫星下传的数据；

　　2）具备多种方式接收运管与数据处理站调度命令、业务运行时间表、轨道根数的能力；

　　3）具有遥控上行管理功能，实现遥控指令的上行注入；

　　4）数据的临时存储和管理。

7.2.2　运管与数据处理站功能

　　运管与数据处理站统一管理 DCP，监控卫星星座，调度数据采集网关站天线资源，处理、存档、分发数据，为用户提供综合服务。

　　1）管理 DCP，协调 DCP 上行信道。

　　2）管理网关站，调度天线；

　　3）管理星座，综合监测监管卫星状态；

　　4）数据处理；

　　5）数据存档；

　　6）数据分发。

7.3　组　成

7.3.1　数据采集网关站

　　数据采集网关站由业务数据接收分系统和业务数据分发管理分系统组成。

7.3.1.1　业务数据接收模块

　　业务数据接收模块组成如图 7 - 2 所示，包括天伺馈子模块、信道子模块、数据进机及传输子模块、站控管理子模块、技术保障子模块等 5 个部分。

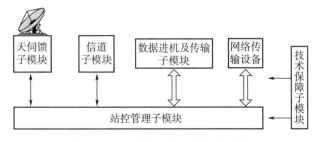

图 7 - 2　业务数据接收模块组成图

（1）天伺馈子模块

该模块完成对卫星的捕获跟踪，接收卫星下传数据，同时向卫星发射上行监控和系统网管指令。

（2）信道子模块

该模块对接收到的卫星信号进行下变频、解调，并对上行信号进行调制和上变频。

（3）数据进机及传输子模块

该模块由数据进机设备和数据传输设备组成，可将原始数据进行预加工处理、数据记录；数据传输设备按照指定的时间及格式要求进行传输，并对接收的资料进行在线自动滚动存储管理。

（4）站控管理子模块

该模块是数据采集网关站任务管理、监视和控制的中枢，实现任务调度管理、数据采集网关站设备的状态监视、数据采集网关站业务运行状态的监控，以及各类状态数据的管理和上报等。该子模块具有远程故障诊断和维护的功能，有利于日后系统升级和维护。

（5）技术保障子模块

该模块主要包括时统设备、测试设备、标校设备等，为系统的正常运行提供技术保障，为系统闭环测试和设备检测提供测试条件。

7.3.1.2　业务数据分发管理模块

业务数据分发管理模块包括应用软件和支撑环境两部分。

应用软件可以分为转发系统服务器软件和客户端软件两部分，这两部分软件是数据转发系统的核心。

支撑环境指的是应用软件所依存的硬件环境，主要是计算机网络环境，由存储管理服务器和网络交换机组成。

7.3.2　运管与数据处理站

运管与数据处理站由运行管理分系统和用户服务分系统组成。运行管理分系统由运行管理和调度服务器及多星任务编排等软件组成；用户服务分系统由数据处理、分发、交换服务器和数据处理、分发软件组成。具体包括以下 7 个模块：运行管理模块、DCP 管控模块、卫星管控模块、数据采集网关站管控模块、数据处理模块、数据归档与管理模块、产品分发服务模块，如图 7-3 所示。

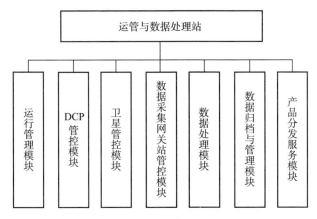

图 7-3　运管与数据处理站组成

7.3.2.1　运行管理模块

运行管理模块负责运管与数据处理站的综合管理，优化配置系统资源，保障系统高效、安全运行。运行管理模块的功能包括网络管理、业务管理、系统安全管理和测试试验管理，为系统维护、扩展、升级提供环境和技术支撑。

1）网络管理为系统各计算机设备之间，系统与外部网络之间的数据交换提供网络连接，随时掌握链路的连通和性能。

2）业务管理子模块的主要任务有两个：设备监测与资源管理、业务管理。主要负责实时监控卫星管控、DCP 管控、原始数据的传输、录入、标准化处理以及数据产品归档、分发等业务流程，采集系统运行状态，监视运行作业，确保运行任务合理分配设备资源，提高系统运行效率，满足数据处理与服务的高时效性；对系统中所有设备进行校时。

3）安全管理的设计目标是以应用和实效为主导，从物理环境、网络安全、数据信息、应用安全和运行管理五个方面建立综合防范体系，有效提高地面数据处理系统的防护、检测、响应、恢复能力，以抵御不断出现的安全威胁与风险。

4）根据卫星发射计划，为了保障系统在运行期间的任务扩展，建立测试试验子模块。该子模块负责搭建软硬件环境，对于不断加入系统的数据处理模块进行测试试验，经过测试后，再对系统进行升级。测试包括接口测试、流程测试、集成测试等。

7.3.2.2　数据采集终端管控模块

数据采集终端（DCP）管控模块负责监测 DCP 的工作状态，协调 DCP 上行信道，满足众多 DCP 上传信号的需求。DCP 管控模块包括 DCP 状态管理子模块、DCP 优先级分配子模块、DCP 任务计划编排子模块。

1）DCP 状态管理子模块监控 DCP 自身健康状况和 DCP 转达的地面监测预测台站网的健康情况，同时记录 DCP 所处的地址、DCP 发送的信号种类、灾害信号呼叫请求时刻及其对传输速率的要求。

2）DCP 优先级分配子模块根据每个 DCP 单元发送的信号类别、传输速率要求以及灾害紧迫程度，在成千上万个 DCP 单元数据中对每个 DCP 单元分配优先级，完成 DCP 的优先级调度决策，即给出灾害信号发出时刻。

3）DCP 任务计划编排子模块将 DCP 优先级分配子模块给出的决策通过卫星调度转发给每个 DCP 单元，完成 DCP 发送灾害信号的时间调度。

7.3.2.3　卫星管控模块

卫星管控模块监测并管理卫星平台及有效载荷的工作状态，根据卫星的姿轨参数计算保持星座构型所需的调整量，生成相应的指令数据，通过数据采集网关站发送给卫星，进而完成卫星的姿轨调整，保持卫星星座应有的构型。卫星管控模块包括遥测处理与显示子模块、卫星姿轨调整计算子模块、测控子模块。

1）遥测处理与显示子模块主要负责处理卫星的编码遥测数据，

并将处理得到的遥测参数进行归档；同时对卫星的遥测参数进行显示，监视卫星及有效载荷的运行和工作状态，自动判读遥测参数，及时发现卫星或有效载荷的异常并报警。遥测处理与显示子模块由遥测数据处理模块、遥测数据显示模块和配置管理模块组成。

2）卫星姿轨调整计算子模块根据遥测处理与显示子模块获取的各颗卫星的姿轨参数，生成卫星现有的星座构型，进而计算保持理想星座构型所需的最优参数调整量，通过测控子模块将其编写为遥控指令序列。

3）测控子模块根据卫星姿轨参数编写遥控指令序列，将遥控指令进行编码和格式转换生成注入数据，通过测控中心上行；同时对已生成的编码数据文件进行解析，反编为业务遥控指令序列文件，检查业务遥控注入数据的正确性和有效性。测控子模块由 3 个功能模块组成，即注入数据生成模块、注入数据反编模块、配置管理模块。

7.3.2.4　数据采集网关站管控模块

数据采集网关站管控模块负责监测数据采集网关站的工作状态，根据卫星过境时间，编排地面采集网关站的接收计划，确保卫星过境时各灾种数据的有效传输。地面采集网关站管控模块包括轨道计算与预报子模块、任务计划编排子模块和数据重构子模块。

1）轨道计算与预报子模块根据接收到的卫星轨道根数，计算出卫星经过地面接收站的时间，实现开普勒根数与国际通用的两行根数的转换，并将轨道计算结果可视化显示。轨道计算与预报子模块由星历计算模块、轨道预报模块、地影预报模块、轨道根数转换模块组成，可实现轨道计算和预报的基本功能。

2）任务计划编排子模块根据各个轨道面上的卫星过境时间，协调天线资源，保证卫星下传数据有效接收。当卫星星座中多颗卫星同时出现在多个数据采集网关站的可视范围内，需采取资源优化调度策略，控制天线完成对多颗卫星的跟踪，保证数据接收。

3）数据重构子模块根据任务计划编排子模块对各副天线接收计划的安排，将接收的数据重新排序，获得每颗卫星完整的下传数据。

7.3.2.5　数据处理模块

　　数据处理模块基于 DCSS 获取的各种数据和信息，开展 DCSS 数据快速处理，为用户部门提供所需的 DCSS 数据预处理产品，实现 DCSS 数据的有效利用，为防灾减灾提供多样数据产品支持。数据处理模块的功能包括录入下行原始数据，快速生成标准化的产品，并对数据和产品进行质量检测，提供数据模拟、评价等。数据处理模块分为常规和应急两种运行模式。

　　1) 常规处理模式下，对数据采集网关站传送过来的原始各灾种数据进行帧格式同步、去格式、解压缩以及其他预处理操作。

　　2) 应急处理模式将实现自然灾害空间数据从接收、格式化记录、快速精确产品处理和实时共享分发的一体化，实现"边录入、边处理、边分发"的流水线式一体化应急响应处理功能，提供了一种全新、高效、实时的数据处理和分发服务模式，满足重大自然灾害应急响应与服务的需要。

7.3.2.6　数据归档与管理模块

　　数据归档与管理模块负责完成对各灾种数据的统一、长期存储管理与备份，提供在线数据的全生命周期自动管理；实现灾难发生后的数据快速恢复；满足核心业务对数据高速存取要求及数据仓库的访问需求，提供空间数据联机分析处理、空间数据挖掘服务、空间数据快速查询和可视化服务。数据归档与管理分系统主要由数据仓库和数据仓库管理系统组成。数据仓库管理系统包括数据存储管理子模块、多源空间数据变换子模块、空间数据挖掘分析子模块以及数据备份子模块组成。

　　1) 数据存储管理子模块包括：对数据的访问接口进行了封装，以 Web Service/API 等形式对外提供访问服务数据的服务软件；负责将数据库与管理分系统在线存储盘阵上存储的各灾种数据上传至分发盘阵的数据上传软件；在当磁带库出现故障，系统无法进行正常的数据备份与恢复时，利用两台外置磁带机代替磁带库进行数据备份及恢复的应急数据归档与恢复软件。

2）多源空间数据变换子模块是为了优化海量数据仓库的分析性能，将各个源数据库系统的数据进行变换后以适宜的方式进入数据仓库。数据变换需要建立一套数据表变换标准体系，在这些标准的规范下，对数据进行抽取、转换、统一，最终形成一致的数据，进入到数据仓库中。

3）空间数据挖掘分析子模块包括：时空数据语义检索、空间数据联机分析处理、空间数据挖掘分析子系统。

4）数据备份子模块负责地面处理每天全部归档数据的远程备份，当灾难发生时，具备数据恢复功能。

7.3.2.7　产品分发服务模块

产品分发服务模块针对各灾种的灾害监测预测台站发送的灾害信号，由产品分发服务模块对口分发到灾害业务主管部门；灾害业务主管部门经产品分发服务模块将相关指令回送给对应各灾种的灾害监测预测台站；灾害业务主管部门间相互协商后可以互通的信息，由产品分发服务模块负责执行分发。通过共享网格平台，建设空间信息服务平台和空间数据分发门户平台，提供便于信息交换和共享分发的空间数据共享服务、空间数据目录服务、空间数据快速查询和可视化服务。提供用户服务网站为用户提供高效的元数据搜索、浏览、下载服务和多种定制分发功能，并提供元数据服务和空间数据共享服务。产品分发服务模块由任务调度子模块、服务管理子模块、数据共享子模块、数据分发子模块、用户服务门户子模块等部分组成。

7.4　性能指标

7.4.1　数据采集网关站性能指标

数据采集网关站性能指标见表 7-1。

表 7-1　数据采集网关站性能指标

序号	名称	指标
1	天线类型	7.3 m 抛物面天线
2	系统 G/T 值	在晴空、微风、天线接收仰角 10°、环境温度 25 ℃ 条件下（S 或 C 频段）；≥[待定]dB/K
3	工作频段	S 或 C 频段[待定]
4	数传体制	[待定]
5	编码方式：	[待定]
6	下行数传速率	100 kbps～10 Mbps
7	监控体制	[待定]
8	遥控速率	[待定]
9	系统误码率	优于 $1×10^{-5}$
10	比特差错特性	当比特差错率在 10^{-3}～10^{-7} 之间变化时，站内闭环解调特性曲线偏离理论值[待算]dB 以内
11	数据存储容量	可在线（本地磁盘）存储至少[待定]天接收的卫星数据
12	状态数据上报方式	轮询/自动
13	非法操作及故障	[待定]秒钟内发出声、光报警
14	设备改变情况	监控画面在[待定]秒钟内刷新
15	数据在本系统最大临时存储时间	[待定]日
16	数据存储速率	≥[待定]MB/s

7.4.2　对 DCP 的集中调度指标

为保证分布在全国地面的几十万个地面灾害监测预测台站的终端 DCP 单元发送的数据（日传输净数据总量为 11 GB，依靠 3～4 个地面网关站 8～10 副天线交替工作，完成不间断地接收在轨 40 颗微纳卫星的高密度实时数据，运管与数据处理站要对 DCP 集中指挥调度。

在透明转发模式下，为避免成千上万 DCP 同时上传数据时出现的竞争冲突，运管与数据处理站需通过卫星发给 DCP 指令，协调分配众多 DCP 依次工作的传输信道。采用"地-天-地"链路系统双向交互信道，按 DCP 优先级和正常业务级进行集中调度，实现对 DCP

的灵活、应急和有序的调配。

7.4.3　协助卫星自主运行

运管与数据处理站协助卫星自主运行：由于 DCSS 卫星较多，卫星之间需要保持一定的构型，在星座构型发生变化时，需要运管站通过与地面网关站，对星座进行运行管理。星座运管主要包括星座构型保持、运行状态监控、自主卫星调姿、星座漂移故障重构等星座自主保持技术，以及应急补网。

7.4.4　天线资源调度

全国在 3～4 个地点设置地面网关站，各配备了 2～3 副天线，当 DCSS 多颗卫星同时出现在多个数据采集网关站的可视范围内，同时面临数量众多的地面灾害监测台站的终端，需采取资源优化调度策略，控制天线交叉接力完成对多颗卫星的跟踪，保证数据接收。

7.4.5　数据传输分发技术

由于系统平均每天转发的数据量频繁，转发系统需要对转发数据进行分级，受不同的优先级和带宽的限制，系统要实现高性能的转发，需通过一个优化的带宽复用算法，实时调整各数据包转发速度，使其达到或接近理论的分发上限，这样才能在规定时间内将数据分发汇集至运管站并传输至灾害业务主管部门，保证数据的高时效。

7.5　接口关系

数据采集网关站和运管与数据处理站之间采用光纤进行数据交换，运管与数据处理站和各灾种主管部门之间采用光纤进行数据交换。

7.6　流程

地面站技术流程如图 7 - 4 所示。

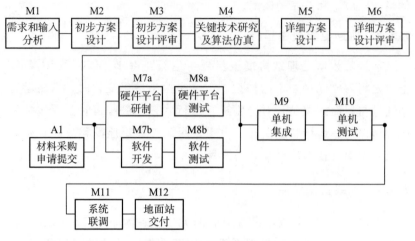

图 7 - 4　地面站技术流程

7.7　数据采集网关站和运管与数据处理站建设

7.7.1　环境保护

7.7.1.1　总要求

环境保护要特别关注：水泵、风机、空调设备等产生的噪声及生活污水。

7.7.1.2　设计执行的标准

1)《中华人民共和国环境保护法》。

2)《全国环境监测管理条例》。

3)《中华人民共和国大气污染防治法》。

4)《建设项目环境保护设计规定》。

5)《中华人民共和国水污染防治法》。

6)《环境空气质量标准》GB 3095—1996。

7)《大气污染物综合排放标准》GB 16297—1996。

8)《污水综合排放标准》GB 8978—1996。

9)《声环境质量标准》GB 3096—2008。

7.7.2　防火、地震、安全

7.7.2.1　总要求

防火、地震和安全要特别关注：机房内的烟火报警系统、各建筑的耐火等级、防火分区、疏散楼梯、疏散距离及安全出口。

7.7.2.2　消防措施

1）新建运行配套用房等各建筑的耐火等级、防火分区、疏散楼梯、疏散距离及安全出口按设计规范的要求设计。

2）配电系统各种必要的保护。

3）消防用电设备由两路电源供电。

4）用电设备的金属外壳、配电盘、控制盘、金属电缆桥架、配线槽的金属外壳和电梯轨道、保护钢管和接线盒均与保护线（PE线）可靠连接，以确保安全。

5）分体空调冷媒管道、冷凝水管道及全热交换器送、排风管保温材料选择难燃 B1 级橡塑海绵保温材料。

7.7.2.3　消防系统

（1）室内、外消火栓常高压消防联合给水系统

室内设计消防水量为 15 L/s，室外消火栓给水系统设计水量为 20 L/s。系统水源为自备井，消防水池有效容积为 300 m³。消防水池设置于站区北部最高处，与主要建筑几何高差不小于 50 m。

本系统在室外连成环状管网，并按规范在此环网上设置一定数量的室外地上式消火栓，各个建筑均从此环网上接入两根 DN100 的供水管，在室内形成环网，并在此环网上按规范布置一定数量的消火栓。

（2）气体灭火系统

由于中央机房的重要性，按规范各设置一套 IG541 气体灭火系统，并设置相关的配套钢瓶间及配件管道等。

（3）灭火器配置

按照设计规范在各建筑配置手提灭火器，采用磷酸铵盐灭火器。

7.7.2.4　防震

建设地区地震基本烈度为 8 度，设计地震分组为第一组，设计基本地震加速度值 0.2g ；按三类防雷建筑物考虑防雷保护措施。

7.7.2.5　设计执行的标准

1）《建筑设计防火规范（2018 年版）》GB 50016—2014。

2）《建筑灭火器配置设计规范》GB 50140—2005。

3）《火灾自动报警系统设计规范》GB 50116—2013。

4）《爆炸危险环境电力装置设计规范》GB 50058—2014。

5）《建筑内部装修设计防火规范》GB 50222—2017。

7.7.3　节能

7.7.3.1　总要求

选用节能效果好、经济效益高的机电设备，使得各建筑物和机电系统，在满足使用功能和建筑质量要求并符合经济原则的条件下，将能耗控制在规定水平。

7.7.3.2　节能技术措施

1）建筑物外墙和屋面采用保温措施，使其对外墙、屋顶等传热系数小于标准规定值；所有外窗采用中空玻璃窗，减少渗透量和传热量。

2）按企业合理用水技术细则要求在各建筑给水入口设置水表。

3）本工程所选用水嘴等给水配件均采用节水型配件，所选用阀门采用密封性好的阀门。

4）水泵、风机等设备均采用推荐的节能设备。采用节能效果良好的变频多联式风冷空调。

5）选用保温性能好的保温材料（如橡塑海绵制品）。

6）采用全热交换器进行冷、热的回收。

7）供电电力变压器装设在用电负荷较大的建筑内，并尽量靠近负荷中心，以减少低压配电线路的电能损耗，各变电所的变压器之间设有低压联络母线，并适当加大联络母线的输送容量，以满足变压器经济运行的要求。

8）在高、低压配电系统中安装必要的电能计量仪表，以便于能耗的检测，并根据负荷情况进行调整，以减少系统的电能损耗。

9）在照明设计中，均选用高光效的灯具和细管型荧光灯管，采用合理的照明方案，以节约电能。

10）配电设备尽量设置在负荷中心，以缩短配电线路的长度，节约材料，减少电能损耗。

7.7.3.3　设计执行的标准

1）《公共建筑节能设计标准》GB 50189—2015。

2）《民用建筑供暖通风与空气调节设计规范》GB 50736—2016。

3）《压缩空气站设计规范》GB 50029—2104。

4）《民用建筑热工设计规范》GB 50176—2016。

5）《严寒和寒冷地区居住建筑节能设计标准》JGJ 26—2018。

6）《设备及管道绝热技术通则》GB/T 4272—2008。

7）《评价企业合理用电技术导则》GB/T 3485—1998。

8）《节水型企业评价导则》GB/T 7119—2018。

7.7.4　职业安全卫生

7.7.4.1　总要求

严格按照国家有关安全与设计标准规范进行设计，从根本上保障人员的安全与健康，各项设施与主体工程同时完成。

7.7.4.2　职业安全卫生技术措施

1）项目中没有涉及易燃、易爆、有毒材料，不会对职业安全卫生造成影响。

2）为保证良好的工作环境，采取夏季空调降温及冬季采暖措施。

3）为防止噪声干扰，改善工作环境，对产生噪声较大的设备站房等均采用减震基础和消音措施，其建筑的门、窗和隔墙采用隔音措施。

4）对厕所、会议室等房间设机械排风系统，来改善工作环境。

5）在低压供、配电系统的设计中，对接自不同电源的供电电源线之间，均装设有可靠的联锁装置，以防止电源误并联，保证供电系统的安全运行。

6）在变配电站内，高、低压变、配电设备的布置上，其安全距离和操作、维护通道均满足国家有关电气设计规范的各项要求。对于干式变压器还配置了防护等级不低于 IP20 的外罩，以保证电气设备和人身安全。

7）在变配电站的电缆密集的电缆沟道中，为减小事故损失，电缆应用防火涂料或防火阻燃包带作防护处理。对于重要用电负荷的电源和控制回路，采用阻燃电缆或防火电缆。

8）站区主要建筑物属于第二、第三类防雷建筑物和构筑物，按照国家有关防雷设计规范采用相应的保护措施。

9）所有电气及用电设备的金属外壳、金属底座、电缆金属铠装层、电缆保护钢管以及所有金属支架均与接地装置连接，以保证安全。

10）配电系统中采用各种必要的保护，在过载和短路时，迅速切断电源，保证设备和线路的安全。

7.7.4.3　设计执行的标准

1）《中华人民共和国劳动法》。

2）《工业企业设计卫生标准》GBZ 1—2010。

3）《环境空气质量标准》GB 3095—2012。

4）《建筑设计防火规范（2018 年版）》GB 50016—2014。

5）《声环境质量标准》GB 3096—2008。

6）《建筑物防雷设计规范》GB 50057—2010。